海洋生态文明建设丛书

"十三五"国家重点出版物出版规划项目

海洋生态环境状况与综合管控

——以山东省为例

王茂剑　主编

马元庆　孙　珊　副主编

海洋出版社

2016年·北京

图书在版编目（CIP）数据

海洋生态环境状况与综合管控：以山东省为例/王茂剑主编. —北京：海洋出版社，2016.11
ISBN 978-7-5027-9618-1

Ⅰ.①海…　Ⅱ.①王…　Ⅲ.①海洋环境-生态环境-研究-山东　Ⅳ.①X145

中国版本图书馆 CIP 数据核字（2016）第 282711 号

责任编辑：杨传霞
责任印制：赵麟苏

海洋出版社　出版发行

http://www.oceanpress.com.cn
北京市海淀区大慧寺路 8 号　邮编：100081
北京画中画印刷有限公司印刷　新华书店发行所经销
2016 年 12 月第 1 版　2016 年 12 月北京第 1 次印刷
开本：787mm×1092mm　1/16　印张：10
字数：330 千字　定价：72.00 元
发行部：62132549　邮购部：68038093　总编室：62114335
海洋版图书印、装错误可随时退换

编 委 会

主　　编：王茂剑

副 主 编：马元庆　孙　珊

编写人员（按姓氏笔画排列）：

于广磊　王立明　由丽萍　白艳艳　邢红艳

刘小静　刘爱英　齐延民　苏　博　何健龙

宋秀凯　张　娟　赵玉庭　姜会超　秦华伟

程　玲　靳　洋

前　言

　　山东省是海洋大省，位于我国东部沿海、黄河下游，处在环渤海经济圈和长江三角洲经济圈的中间地带，扼渤海咽喉，宁京津门户，连东北三省，通朝鲜、韩国、日本三国。海岸线长 3 300 多千米，海洋面积近 16×10^4 km²，占渤海和黄海总面积的 37%；滩涂面积占全国的 15%。沿岸分布有 200 多个海湾，可建万吨级以上泊位的港址 50 多处。海洋油气已探明储量 23.8×10^8 t，中国第一座滨海煤田——龙口煤田资源储量 9.04×10^8 t。暖温带季风气候使山东省冬无严寒，夏无酷暑，山东省海域成为鱼虾类洄游、产卵、索饵和生长的优良场所，近海栖息和洄游的鱼类达 260 多种，主要经济鱼类 40 多种，浅海贝类百种以上。

　　山东海域面积广阔，海洋经济在全省经济社会发展中具有重要战略地位，主要经济指标位居全国前列。2009 年和 2011 年，国务院先后批复了《黄河三角洲高效生态经济区发展规划》和《山东半岛蓝色经济区发展规划》；山东省委、省政府大力推进生态山东的建设，着力加大生态保护和建设力度；山东省各级政府和海洋行政主管部门十分重视海洋生态环境的保护和管理工作，并取得了一定成效。党的"十八大"做出建设海洋强国的重大战略决策，开发保护海洋资源，大力发展海洋经济，构建海洋生态文明。山东省正在大力推进山东半岛蓝色经济区建设，加快建设海洋强省的步伐。

　　近年来，山东省沿海地区经济社会快速发展，区域海洋生态环境和滩涂湿地系统正承受着巨大压力，可持续发展能力逐渐下降，部分海域服务功能日趋减弱，海洋资源环境承载力已处于高压下的临界状态。山东省通过深入了解海域生态环境现状，创新海洋生态环境发展新模式，进一步深化对人类活动影响下海洋资源环境状况及趋势的科学认知，在此基础上，有针对性地实施精细化综合管控举措，切实保障和引导山东省海域生态环境和沿岸经济社会实现协调可持续发展。

　　本书统计了 2010—2014 年的山东省海洋生态环境监测数据，全面更新了山东省海洋生态环境资料和数据。在此基础上，系统地评价了山东省海洋生态环境与压力状况，筛选重要污染因子以及污染严重海域，提出了主要生态问题；阐明山东省主要功能区的环境变化趋势，分析 3 个典型生态系统、16 个海水养殖区、46 个涉海保护区、5 个国家级海洋休闲娱乐区环境及生物生态状况，评价生态系统健康和环境状况指数；对山东省海洋环境进行风险源识别、风险因子筛选等研究工作，并对主要风险源进行分析评价，给出管理建议；基于山东省海洋生态环境状况和压力、主要风险等，提出海洋生态环境综合管控措施，开展海洋生态环境修复和保护等相关工作。

　　本书指出，山东省海洋生态环境目前存在的主要问题包括近岸海域受污染面积增速放缓，但趋势没有根本逆转；典型生态系统总体健康状况为亚健康；海水增养殖区环境质量状况总体良好，基本满足增养殖活动要求，但其海域氮磷比失衡现象明显；海洋自然保护区和水产种质资源保护区水环境总体质量下降趋势未见明显改善，环境保护形势依然严峻；旅游度假区和海水浴场环境质量良好，满足旅游区度假功能要求，其中，粪大肠菌群数超标仍是影响其水质状况的主要因素，且天气因素对各项休闲活动评价指数也有较大影响；入海排污口水质达标率仍然较低；港口/码头开发、海洋工程对海洋生态环境影响明显；各类海洋灾害频发，突发性污染事件风险加剧。

基于目前山东省海洋生态环境现状，全省继续大力改善海洋生态环境，有针对性地实施精细化综合管控举措，其主要表现为：建立区域性海洋生态环境监测与评价体系，落实全国海洋环保和预报减灾工作要求；保护和整治修复渤海海洋生态红线区域，保障环渤海地区社会经济可持续发展；监测和评估海洋生态文明示范区建设成效，大力推进海洋生态文明建设；有效管理海洋保护区，促使其健康发展；实施海洋生态修复及能力建设项目，加强海洋环境监视监测能力建设。

本书的资料和研究成果可应用于海洋环境公报编制、海洋规划制定、海洋生态修复指导、海洋突发事故应对等领域，对山东省海洋生态环境保护与管理、海洋信息发布及海洋资源合理开发等具有重要指导作用，将促进山东省"蓝、黄"两区战略实施的健康发展，社会生态效益显著。

同时，本书为山东省科技发展计划"山东近岸热点开发海域主要污染物环境容量及总量控制技术研究"等项目提供了大量的基础数据和研究方法。

本书在编写过程中参考和引用了有关专家、学者的大量文献，并尽可能在文后列出，但限于篇幅，还有小部分引用文献未在文后列出，敬请原作者谅解。

在本课题调查与研究工作中，可能有设计不周的地方，加之作者水平和条件的限制，难免存在不足之处，为了帮助我们提高今后的研究和工作水平，诚恳地希望专家和读者给予批评指正。

编者

2016 年 6 月

目 次

第1章 数据来源与评价方法

1.1 监测站位

本书数据来源于2010—2014年5年的海洋环境监测数据，其中根据海洋环境的实际情况，每年监测站位的布设都会有细微的调整，但变化不大（监测站位以2012年的山东省海洋环境监测站位为例，如图1-1所示）。

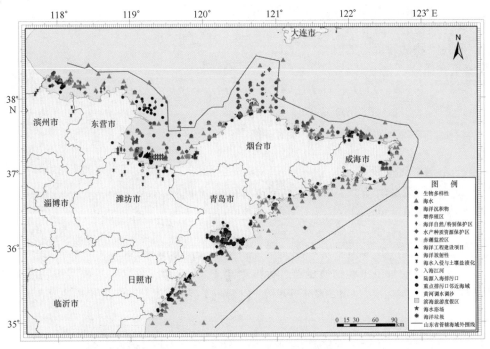

图1-1　2012年山东省海洋环境监测站位布设

1.2 监测频次和项目

本书的监测数据来源于近5年间的不同监测时间、不同海洋功能区的监测结果。不同的海洋功能区每年的海洋调查频次不同，具体如下：近岸海域海水状况监测频次为3次/年，分别于5月、8月、10月的上半月完成外业工作；近岸海域生物多样性监测频次为2次/年，在5月、8月各开展1次；典型生态系统监测频率为2次/年，5月开展水环境、渔业资源和海洋生物监测，8月开展水环境、沉积环境、生物质量、岸线与湿地和海洋生物监测；海洋工程每年8月开展1次水文、海水、沉积物和生物的监测，且统计前年8月底区域开发压力指标相关各要素；海洋保护区常规监测频率为1次/年，具体时间根据保护区的实际情况而定，如遇特殊情况，酌情增加监测频率；水产种质保护区监测为1次/年，一般在特别保护期，具体时间根据被保护物种生物特性确定。监测项目包括水环境、海洋生物（浮游生物、底栖生物）、沉积

1

环境、生物残毒等；海水、重点入海直排口及邻近海域监测频率不少于 4 次/年，围填海、开放式养殖、自然岸线、海洋保护区、沉积物监测频率不少于 1 次/年。

监测一般从水环境、沉积环境和海洋生物 3 个主要方面展开，其中水环境监测的要素包括海水 pH、溶解氧、化学需氧量、无机氮、活性磷酸盐和石油类等；沉积环境监测要素包括有机碳、硫化物和石油类等；海洋生物监测要素包括浮游植物、浮游动物和底栖生物的生物量、生物密度和生物多样性指数等。

1.3 评价方法

1.3.1 单因子指数法

海水质量和沉积物质量评价采用单因子指数法，公式如下：

$$P_i = C_i / S_{si} \tag{1-1}$$

式中：

P_i——第 i 种污染物的海水质量或沉积物质量指数；

C_i——第 i 种污染物的实测值；

S_{si}——第 i 种污染物的评价标准值。

其中：溶解氧（DO）

$$
\begin{aligned}
&I_i(DO) = | DO_f - DO | / (DO_f - DO_s) \quad DO \geqslant DO_s \\
&I_i(DO) = 10 - 9DO/DO_s \quad DO < DO_s \\
&DO_f = 468/(31.6+t)
\end{aligned}
\tag{1-2}
$$

式中：

$I_i(DO)$——溶解氧标准指数；

DO_f——现场水温及盐度条件下，水样中氧的饱和浓度（mg/L）；

DO_s——溶解氧标准值（mg/L）；

t——现场温度。

海水质量评价标准采用 GB 3097；沉积物质量评价标准采用 GB 18668。

当 $P_i \leqslant 1.0$ 时，海水质量或沉积物质量符合标准；当 $P_i > 1.0$ 时，海水质量或沉积物质量超过标准。

表 1-1 为二类海水水质标准（GB 3097—1997）（摘录），表 1-2 为海洋沉积物质量标准（GB 18668—2002）（摘录）。

表 1-1 二类海水水质标准（GB 3097—1997）（摘录）

单位：mg/L

污染物名称	溶解氧	化学需氧量	无机氮	活性磷酸盐	石油类
标　准	5	≤3	≤0.3	≤0.03	≤0.05

表 1-2 海洋沉积物质量标准（GB 18668—2002）（摘录）

项目	一类	二类
硫化物（×10⁻⁶）	≤300.0	≤500.0
石油类（×10⁻⁶）	≤500.0	≤1 000.0
有机碳（×10⁻²）	≤2.0	≤3.0

注：数值测定项目均以干重计。

1.3.2 综合指数法

海水富营养化评价采用富营养化指数（E）法，其计算公式为：

$$E = \frac{COD（mg/L）\times 无机氮（mg/L）\times 无机磷（mg/L）}{4\,500}\times 10^6 \tag{1-3}$$

当 $E \geq 1$ 即为富营养化。

水质有机污染风险评价采用有机污染综合指数法及有机污染等级进行评价。即：

$$A = COD_i/COD_s + IN_i/IN_s + IP_i/IP_s - DO_i/DO_s \tag{1-4}$$

式中：

A——有机污染指数；

COD_i、IN_i、IP_i、DO_i——实测值；

COD_s、IN_s、IP_s、DO_s——相应要素一类海水水质标准，分别为 2.0、0.2、0.015 和 6.0（单位均为 mg/L）。

有机污染水平等级见表 1-3。

表 1-3　有机污染评价分级

A 值	<0	0~1	1~2	2~3	3~4	>4
污染程度分级	0	1	2	3	4	5
水质评价	良好	较好	开始受到污染	轻度污染	中度污染	严重污染

1.3.3　生物多样性评价

生物多样性特征分析主要采用生物优势度指数、物种丰富度指数、物种多样性指数和物种均匀度指数等几种指数。

生物优势度指数从各种类在数量、重量中所占比例和出现频率 3 个方面进行优势度的综合评价，判断其在群落中的重要程度，即：

$$IRI = （N+W）F \tag{1-5}$$

式中：

IRI——相对重要性指数；

N——在数量中所占的比例；

W——在重量中所占的比例；

F——出现频率。

物种丰富度指数（Margalef，1958）为：

$$D = （S-1）/\log_2 N \tag{1-6}$$

式中：

D——物种丰富度指数；

S——种类总数；

N——生物总个体数。

物种多样性指数系根据各个种类所占比例进行分析（Shannon-Wiener），即：

$$H' = -\sum_{i=1}^{S} P_i \log_2 P_i \tag{1-7}$$

式中：

H'——物种多样性指数；

S——样品中的种类总数；

P_i——i 种的个体数与总个体数的比值。

物种均匀度指数为：

$$J' = H'/\log_2 S \qquad (1-8)$$

式中：

J'——物种均匀度指数；

H'——物种多样度指数；

S——种类数。

1.3.4 海洋生态系统健康评价

近岸海洋生态系统健康状况分为以下 3 个级别。

（1）健康：生态系统保持其自然属性，生物多样性及生态系统结构基本稳定，生态系统主要服务功能正常发挥，人为活动所产生的生态压力在生态系统的承载力范围之内。

（2）亚健康：生态系统基本维持其自然属性，生物多样性及生态系统结构发生一定程度的改变，但生态系统主要服务功能尚能正常发挥，环境污染、人为破坏、资源的不合理利用等生态压力超出生态系统的承载能力。

（3）不健康：生态系统自然属性明显改变，生物多样性及生态系统结构发生较大程度改变，生态系统主要服务功能严重退化或丧失，环境污染、人为破坏、资源的不合理利用等生态压力超出生态系统的承载能力。

1.3.4.1 评价指标分类与权重

河口、海湾生态系统健康状况评价包括 5 类指标。各类指标及其权重见表 1-4。

表 1-4 海洋生态系统健康评价指标分类与权重

生态系统类型	水环境	沉积环境	生物残毒	栖息地	生物
河口	15	10	10	15	50
海湾	15	10	10	15	50

1.3.4.2 评价指标健康指数计算方法

海洋生态系统评价指标健康指数计算方法按《近岸海洋生态健康评价指南》（HY/T 087）执行。

生态健康指数按下式计算：

$$CEH_{indx} = \sum_{1}^{p} INDX_p \qquad (1-9)$$

式中：

CEH_{indx}——生态健康指数；

$INDX_p$——第 p 类指标的健康指数；

P——评价指标的类群数。

海洋生态健康评价标准与方法依据 CEH_{indx} 评价生态系统健康状况，具体如下：

当 $CEH_{indx} \geq 75$ 时，生态系统处于健康状态；

当 $50 \leq CEH_{indx} < 75$ 时，生态系统处于亚健康状态；

当 $CEH_{indx} < 50$ 时，生态系统处于不健康状态。

第 2 章　海洋生态环境状况与压力

2.1　海水水质环境状况与压力

2.1.1　总体概况

近 5 年来，山东海域海水中无机氮、活性磷酸盐、石油类和化学需氧量等指标综合评价结果显示，近岸海域符合一类水质占比下降，受污染面积增速放缓，但趋势没有根本逆转。2014 年符合一类海水水质标准的海域面积 147 734 km^2，约占山东省海域面积的 92.6%，较 2013 年增加 5.2 个百分点；而符合四类及劣四类海水水质标准的海域面积呈先增大后逐渐减少的趋势，2010 年最低，分别为 549 km^2 和 554 km^2，2012 年污染最为严重，分别为 1 693 km^2 和 4 463 km^2，近两年有所好转，2014 年分别为 1 552 km^2 和 1 611 km^2（表 2-1，图 2-1）。

表 2-1　2010—2014 年达到相应海水水质标准的海域面积　　　　　　　单位：km^2

年份	一类水质海域面积	二类水质海域面积	三类水质海域面积	四类水质海域面积	劣四类水质海域面积
2010	150 138	5 726	2 633	549	554
2011	141 436	12 997	3 408	1 033	726
2012	143 305	6 811	3 328	1 693	4 463
2013	139 507	8 672	7 364	1 480	2 577
2014	147 734	5 216	3 487	1 552	1 611

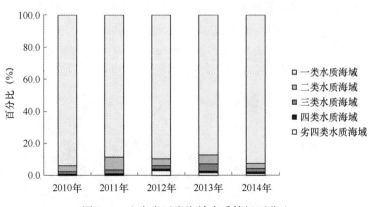

图 2-1　山东省近岸海域水质等级百分比

近 5 年山东省劣四类海水中的主要超标物质为无机氮，个别区域化学需氧量和石油类超过二类海水水质标准。无机氮和活性磷酸盐超标导致了近岸局部海域的富营养化，重度富营养化海域主要分布在东营及潍坊近岸的小清河河口海域和丁字湾海域。从2010—2014年山东省海域水质等级分布示意图（图2-2至图2-6）来看，莱州湾西部东营及潍坊近岸海域一直是重度富营养化海域，但该区域富营养化程度有减缓趋势；滨州近岸海域劣四类水质海域面积明显减少；此外，烟台莱州、招远近岸海域以及威海南部近岸海域符合四类及劣四类海水水质标准的海域面积呈增大趋势，应引起注意及防范。

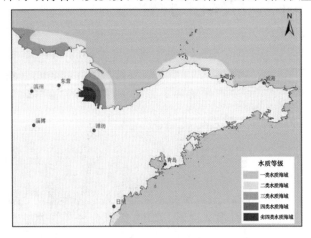

图2-2　2010年山东省海域水质等级分布

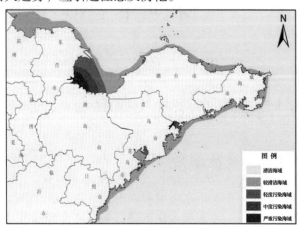

图2-3　2011年山东省海域水质等级分布

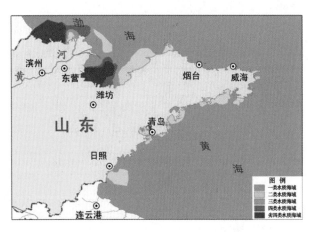

图2-4　2012年山东省海域水质等级分布

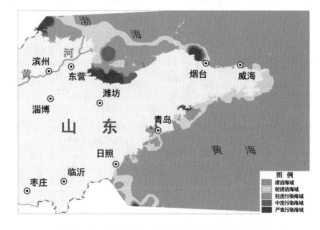

图2-5　2013年山东省海域水质等级分布

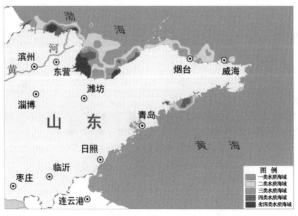

图2-6　2014年山东省海域水质等级分布

2.1.2　各环境参数变化情况

2.1.2.1　pH

pH 是海水中氢离子活度的一种度量。海水表层正常的 pH 在 7.5~8.2 之间，变化很小，有利于海洋生物的生长。引起海水 pH 变化的自然因素是海洋生物的光合作用、生物呼吸和有机物的分解。引起海水 pH 变化的人为因素是排放含酸或含碱的工业废水或废物，水体富营养化引发赤潮也会使局部海域 pH 升高。海水的 pH 直接或间接影响海洋生物的营养、消化、呼吸、生长、发育和繁殖。对海洋生物来说，pH 是一个重要的生态因子。各种生物都有其生长发育的最适 pH 范围，这是长期适应的结果。过高或过低 pH 对海洋生物活动都是有害的。

近 5 年来，山东海域 pH 变化范围为 6.77~8.78，平均值为 8.14。除 2010 年东营海域 pH 偏高之外，pH 的变化较为稳定，如图 2-7 所示。

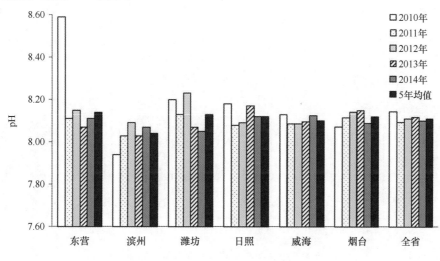

图 2-7　山东省各海域 pH 年际变化

2.1.2.2　盐度

海水中有许多溶解盐类，其含盐量是描述海水特征的最基本参数之一，其溶解物质的总量称为盐度。影响海水盐度的分布变化因素很多，一般受降水、蒸发、径流和水系影响。盐度主要是通过水的密度和渗透压影响海洋生物的形态、生长、发育和繁殖。

近 5 年来，山东海域盐度变化范围为 1.280~32.748，平均值为 29.627。东营、潍坊及滨州海域由于受黄河、小清河等河流的影响使得盐度略低于东部烟台、威海日照海域，如图 2-8 所示。

2.1.2.3　溶解氧

海水中溶解氧的主要来源是由于大气中氧的溶解和海洋植物光合作用释放的氧气，导致在浮游植物大量繁殖时，水中的溶解氧常呈过饱和状态。水中溶解氧的消耗主要是通过海洋生物的呼吸作用和水中有机物与无机物被氧化过程的耗氧。一般情况下，无污染的表层海水溶解氧多呈饱和状态，底层由于降解有机物的分解消耗氧气呈不饱和状态。海水溶解氧的分布变化与大气分压、海水物理、化学、生物因子有着密切联系，是进行海洋环境评价的重要指标之一。海水中充足的溶解氧是海洋生物生存的必要条件，其含量的高低是评价水体质量的重要指标。

近 5 年来，山东海域溶解氧变化范围为 2.75~14.4 mg/L，平均值为 7.92 mg/L。从变化趋势上来看，西部海域溶解氧含量略低于东部海域，各海域含量较为稳定，如图 2-9 所示。

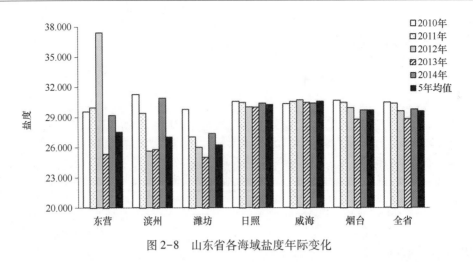

图 2-8　山东省各海域盐度年际变化

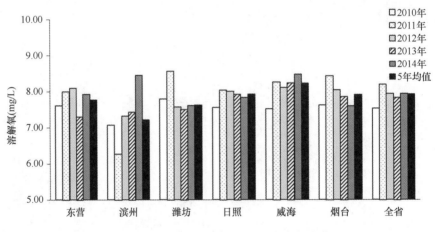

图 2-9　山东省各海域溶解氧含量年际变化

2.1.2.4　化学需氧量

化学需氧量是表示海水中还原性物质多少的一个指标。水中的还原性物质有各种有机物、亚硝酸盐、硫化物、亚铁盐等，主要以有机物为主。化学需氧量越大，说明水体受有机物的污染越严重。

近 5 年来，山东海域化学需氧量变化范围为 0.020 0~8.79 mg/L，平均值为 1.27 mg/L。从变化趋势上来看，东部日照海域化学需氧量最低，潍坊及东营海域较高；除东营海域年际波动略大之外，其余海域含量较为稳定，如图 2-10 所示。

2.1.2.5　无机氮

在正常情况下，海水中的"三氮"含量远远达不到引起海洋生物受危害程度。然而，由于"三氮"可被浮游植物同化，富营养化水域在适宜的条件下有可能发生赤潮，多数赤潮对海洋生物有影响，可能对海洋渔业资源和生态环境造成极大的破坏。主要表现在赤潮生物夜间过量消耗氧气及腐败的藻体腐烂分解常引起水体缺氧，导致生物大量死亡。赤潮藻能分泌毒素，人误食蓄积了赤潮毒素的贝类会引起中毒，严重的甚至死亡。

近 5 年来，山东海域无机氮变化范围为 0.029~3.94 mg/L，平均值为 0.265 mg/L。从变化趋势上来看，日照、威海海域无机氮含量较低，烟台次之，东营、滨州海域无机氮含量较高，潍坊海域无机氮含量最高，污染较为严重。随着经济的发展，近几年近海富营养化越来越严重，无机氮已成为近海海域主要的污染因

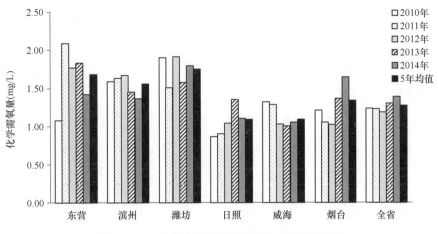

图 2-10　山东省各海域化学需氧量含量年际变化

子，2010—2013 年山东各海域无机氮含量呈现逐年升高趋势，而随着各级相关部门的监管及对海洋保护措施的加强，2014 年出现不同程度的下降趋势，潍坊海域及东营海域下降最为明显，如图 2-11 所示。

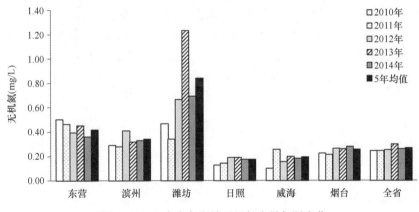

图 2-11　山东省各海域无机氮含量年际变化

2.1.2.6　活性磷酸盐

活性磷酸盐是三大营养要素之一，是海洋生物生长必不可少的营养元素。海水中磷的含量太低将抑制浮游植物的正常生长，从而妨碍海洋生产力的发展。然而，如果水中磷含量超过一定限度，会刺激藻类生长，引发赤潮。近年来的研究表明，浮游植物过量繁殖与磷酸盐含量之间存在明显的正相关关系。由于磷酸盐来源不如氮广泛，磷的需求对浮游植物来说显得尤为重要。根据 Liebig 最低营养限制定律，水体中浮游植物的生长量受磷的含量限制更为明显，磷污染对水体富营养化影响更大。目前多数情况下，磷被认为是引起富营养化的主要物质。

近 5 年来，山东海域活性磷酸盐含量盐变化范围为未检出至 0.142 mg/L，平均值为 0.006 46 mg/L。从变化趋势上来看，东部日照、威海及烟台海域活性磷酸盐含量较低，滨州海域次之，东营及潍坊海域含量较高，污染较为严重。从年际变化趋势来看，近 5 年来，山东海域活性磷酸盐含量较为稳定，变化不大；但烟台、东营及威海海域磷酸盐含量有逐年上升的趋势，滨州及潍坊海域呈现降低趋势，如图 2-12 所示。

2.1.2.7　石油类

石油类包括多种有毒有害物质，可在环境中迁移或扩散，对生物和生态系统造成显见的或潜在的严

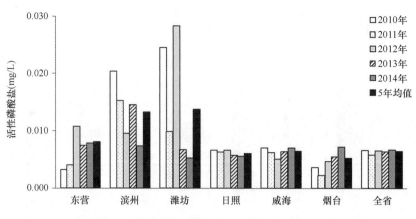

图 2-12 山东省各海域活性磷酸盐含量年际变化

重危害，被联合国环境规划署（UNEP）列为重点监控的化学污染物之一。石油是海洋的主要污染物之一，河流入海口和城市附近海域的石油污染较严重。近年来海上溢油事故日益频繁，污染规模也不断扩大，造成了严重的生态破坏和巨大的经济损失；溢油的发生，不但给当地渔业、水产养殖业、旅游业等造成经济损失，而且也严重损害了海洋以及海岸的自然环境和生态环境。

近 5 年来，山东海域石油类含量变化范围为未检出至 5.40 mg/L，平均值为 0.038 9 mg/L。从变化趋势上来看，威海及东营海域石油类含量高，尤其是 2014 年威海海域石油类平均含量达到 0.235 mg/L，其余海域石油类含量较低且较为稳定，如图 2-13 所示。

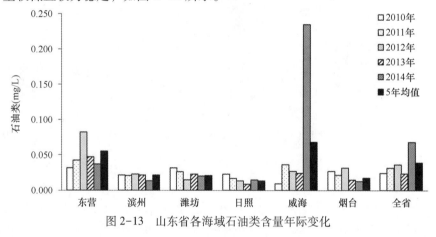

图 2-13 山东省各海域石油类含量年际变化

2.1.2.8 重金属

（1）铜

近 5 年来，山东海域铜含量变化范围为 0.001 1~13.4 μg/L，平均值为 2.66 μg/L。从变化趋势上来看，日照海域铜含量高，东营、烟台海域次之，滨州海域最低。从年际变化趋势来看，日照、东营海域有不同程度的下降趋势，尤其是日照海域逐年下降趋势较为明显，烟台、滨州海域呈现上升趋势，如图 2-14 所示。

（2）锌

近 5 年来，山东海域锌含量变化范围为未检出至 247 μg/L，平均值为 15.9 μg/L。从变化趋势上来看，潍坊海域锌含量最高，日照海域次之，其余海域较低。从年际变化趋势来看，2012 年各海域锌含量较其余 4 年略高，如图 2-15 所示。

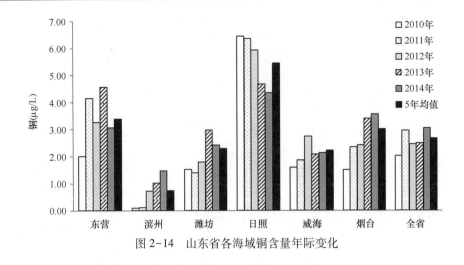

图 2-14　山东省各海域铜含量年际变化

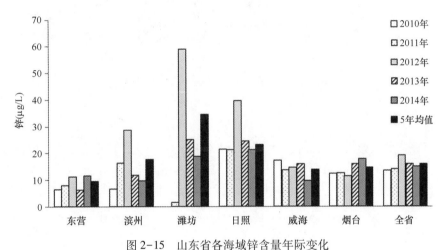

图 2-15　山东省各海域锌含量年际变化

（3）铅

近 5 年来，山东海域铅含量变化范围为未检出至 33.9 μg/L，平均值为 0.872 μg/L。从变化趋势上来看，日照海域铅含量最高，潍坊及威海海域次之，滨州海域最低。从年际变化趋势来看，日照、威海及东营海域铅含量呈现不同程度的下降趋势，如图 2-16 所示。

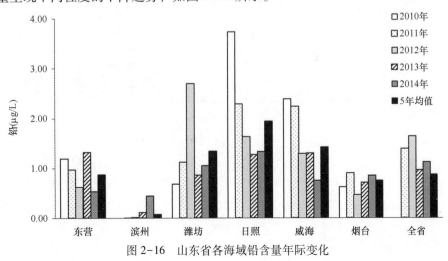

图 2-16　山东省各海域铅含量年际变化

（4）镉

近5年来，山东海域镉含量变化范围为未检出至25.9 μg/L，平均值为0.434 μg/L。从变化趋势上来看，日照海域锌含量最高，烟台及威海海域次之，滨州海域最低。从年际变化趋势来看，日照、威海海域镉含量呈现下降趋势，而滨州、烟台海域有上升趋势，如图2-17所示。

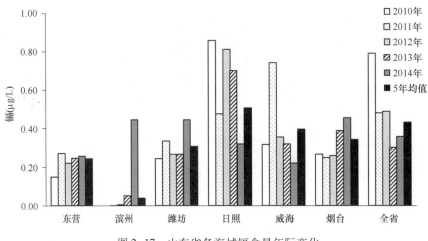

图2-17　山东省各海域镉含量年际变化

（5）汞

近5年来，山东海域汞含量变化范围为未检出至27.0 μg/L，平均值为0.071 7 μg/L。从变化趋势上来看，威海海域汞含量较高，尤其是2012年汞含量高达0.245 μg/L，其余海域汞含量较低。从年际变化趋势来看，全省海域汞含量较为稳定，但2014年东营、滨州及潍坊海域汞含量出现偏高现象，如图2-18所示。

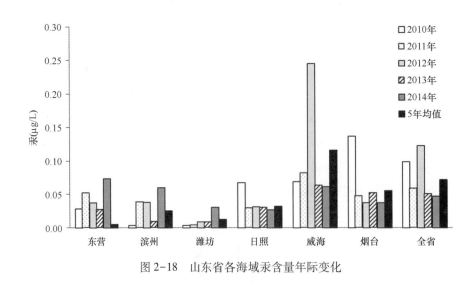

图2-18　山东省各海域汞含量年际变化

（6）砷

近5年来，山东海域砷含量变化范围为未检出至21.4 μg/L，平均值为2.98 μg/L。从变化趋势上来看，日照海域砷含量最高，烟台海域次之，其余海域砷含量较低。从年际变化趋势来看，全省海域砷含量较为稳定，如图2-19所示。

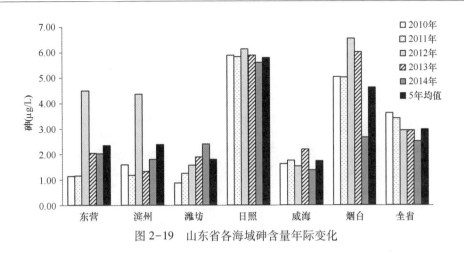

图 2-19　山东省各海域砷含量年际变化

2.2　沉积环境状况与压力

近 5 年来，对山东省近岸海域海洋沉积物开展了监测，监测指标包括锌、铬、汞、铜、镉、铅、砷、石油类、硫化物和有机碳等。监测结果表明：近几年来，山东海洋沉积物质量状况总体较好，95% 以上的监测区域沉积物质量符合一类海洋沉积物质量标准，烟台近岸海域个别站位汞、镉超一类符合二类海洋沉积物质量标准。从近 5 年的监测结果来看，沉积物各监测项目含量较为稳定，波动较小。

2.2.1　石油类

近几年来，山东省近海海域沉积物中石油类含量较为稳定。从图 2-20 可看出，东南部青岛及日照海域石油类含量比其余海域高。

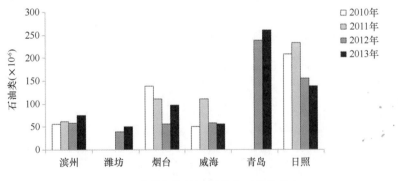

图 2 20　山东省各海域沉积物中石油类分布

2.2.2　重金属

（1）镉

山东海域沉积物中镉含量分布如图 2-21 所示，近几年，各近岸海域沉积物中镉含量较为稳定。2010年烟台海域出现镉含量略超一类海洋沉积物标准现象，但近 3 年的监测结果显示其含量降低，呈下降趋势。

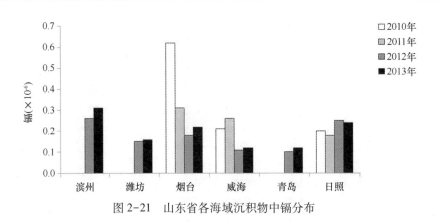

图 2-21　山东省各海域沉积物中镉分布

（2）铜

山东海域沉积物中铜含量分布如图 2-22 所示，近几年来，各近岸海域沉积物中铜含量较为稳定；青岛海域沉积物铜含量最高，烟台及日照海域次之，滨州海域最低。

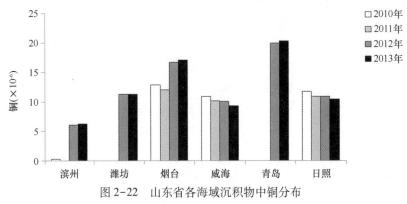

图 2-22　山东省各海域沉积物中铜分布

（3）汞

山东海域沉积物中汞含量分布如图 2-23 所示，近几年来，烟台及潍坊海域沉积物中汞含量略呈升高趋势，并且在 2013 年监测中烟台海域出现部分站位汞略超标现象。

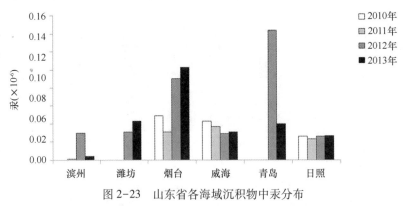

图 2-23　山东省各海域沉积物中汞分布

2.3　海洋生物环境状况与压力

2012—2014 年，在山东省开展了包含近岸海域、海洋自然/特别保护区、水产种质资源保护区以及典型生态系统在内的海洋生物多样性状况监测，监测内容包括浮游植物（图 2-24、图 2-25、图 2-26）、浮游动物（图 2-27、图 2-28、图 2-29）和底栖动物（图 2-30、图 2-31、图 2-32）种类组成和数量等。浮游植物、浮游动物和底栖动物种类数总体呈现稳定增长趋势，但密度波动较为剧烈。浮游植物主要类群为硅藻和甲藻，浮游动物主要类群为桡足类，底栖动物主要类群为环节动物、软体动物和节肢动物。

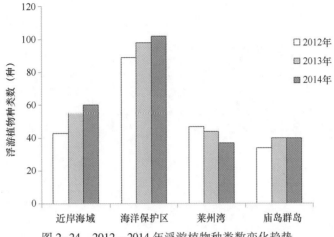

图 2-24　2012—2014 年浮游植物种类数变化趋势

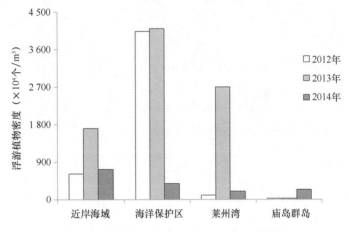

图 2-25　2012—2014 年浮游植物密度变化趋势

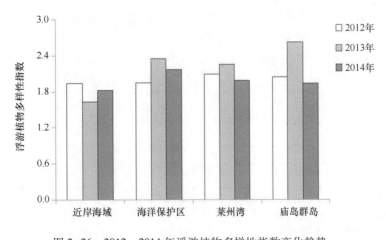

图 2-26　2012—2014 年浮游植物多样性指数变化趋势

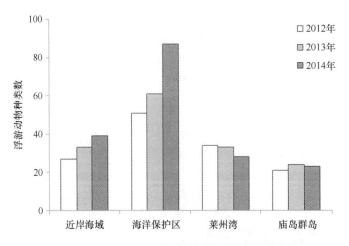

图 2-27　2012—2014 年浮游动物种类数变化趋势

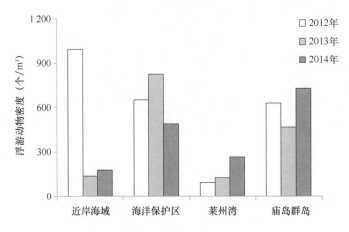

图 2-28　2012—2014 年浮游动物密度变化趋势

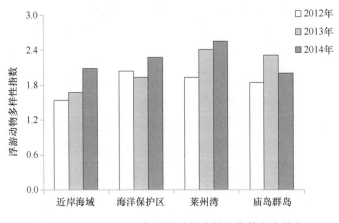

图 2-29　2012—2014 年浮游动物多样性指数变化趋势

　　2012—2014 年山东海域分别鉴定出浮游植物 143 种、160 种、169 种，主要类群为硅藻和甲藻。不同区域浮游植物种类数差别较大，海洋保护区鉴定出浮游植物种类最多，其次是近岸海域，莱州湾和庙岛群岛典型生态系统浮游植物种类数较少。从年际变化趋势看，浮游植物种类总体呈增长趋势，莱州湾典

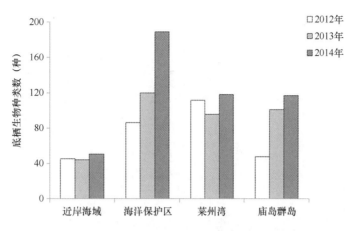

图 2-30　2012—2014 年底栖生物种类数变化趋势

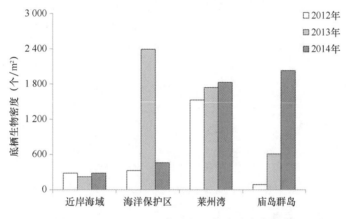

图 2-31　2012—2014 年底栖生物密度变化趋势

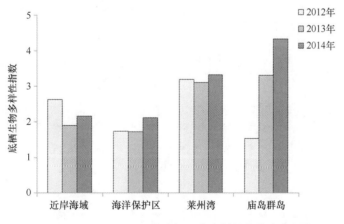

图 2-32　2012—2014 年底栖生物多样性指数变化趋势

型生态系统呈下降趋势。山东海域浮游植物密度波动较大，不同区域差异显著，无明显年际变化趋势。浮游植物多样性指数范围为 1.63～2.63，多样性程度较好，各区域多样性指数基本稳定（表 2-2 至表 2-4）。

2012—2014 年山东海域分别鉴定出浮游动物（含浮游幼虫）115 种、99 种、120 种，主要类群为桡足类，不同区域浮游动物种类数差别较大，海洋保护区鉴定出浮游动物种类数最多，庙岛群岛典型生态系统浮游动物种类数较少。浮游动物种类年际变化趋势与浮游植物相似，海洋保护区、近岸海域及庙岛

表2-2 2012年重点海域海洋生物多样性状况

监测区域			近岸海域		海洋保护区		莱州湾		庙岛群岛	
					自然/特别	水产种质				
监测时间			5月	8月	8月	8月	5月	8月	5月	8月
浮游植物	物种（种）		30	55	93	84	28	65	32	35
	数量（×10⁴个/m³）		18.7	1 208.1	6 212.0	1 858.3	20.9	178.9	26.2	14.6
	多样性指数		1.83	2.05	1.82	2.08	1.64	2.54	1.59	2.51
	主要优势种		中肋骨条藻 柔弱根管藻	中肋骨条藻 双角角管藻	中肋骨条藻 尖刺拟菱形藻	中肋骨条藻 斯氏根管藻	短柄曲壳藻 舟形藻	旋链角毛藻 拟旋链角毛藻	具槽直链藻 裸甲藻	三角角藻 圆筛藻
浮游动物	物种（种）		28	26	56	45	28	40	15	27
	数量（个/m³）		18 150	1 780	1 205	98	89	94	1 134	125
	多样性指数		1.38	1.69	2.00	2.07	1.54	2.32	1.18	2.49
	主要优势种		夜光虫 双刺纺锤水蚤	小拟哲水蚤 双刺纺锤水蚤	强壮箭虫 太平洋纺锤水蚤	小拟哲水蚤 强壮箭虫	强壮箭虫 双刺纺锤水蚤	强额拟哲水蚤 短角长腹剑水蚤	墨氏胸刺水蚤 中华哲水蚤	强壮箭虫 小拟哲水蚤
底栖动物	物种（种）		40	51	103	70	113	110	48	48
	数量（个/m³）		335	229	382	260	1 715	1 342	57	117
	多样性指数		2.40	2.85	2.06	1.42	3.35	3.04	0.83	2.22
	主要优势种		沙蚕 不倒翁虫	异足索沙蚕 米列虫	薄荚蛏 光滑河篮蛤	光滑河篮蛤 马氏刺蛇尾	紫蛤阿文蛤 钩虾亚目	凸壳肌蛤 日本中磷虫	齿吻沙蚕 江户明樱蛤	纽虫 英雇虫

表 2-3　2013 年重点海域海洋生物多样性状况

监测区域		近岸海域			海洋保护区		莱州湾			庙岛群岛		
监测时间		5月	8月	10月	自然/特别 8月	水产种质 8月	5月	8月	10月	5月	8月	10月
浮游植物	物种（种）	44	61	60	94	101	25	44	62	34	32	54
	数量（×10⁴个/m³）	569	3 018	1 412	4 670	3 540	1	7 913	193	59	8	15
	多样性指数	1.19	1.18	2.51	2.57	2.13	1.72	1.64	3.42	2.46	2.62	2.80
	主要优势种	柔弱几内亚藻、具槽直链藻	中肋骨条藻、尖刺拟菱形藻	短角弯角藻	尖刺拟菱形藻、旋链角毛藻	尖刺拟菱形藻、中肋骨条藻	辐射圆筛藻、柔弱几内亚藻	拟弯角毛藻、冕孢角毛藻	薄壁几内亚藻、尖刺拟菱形藻	翼根管藻印度变型、具槽帕拉藻	夜光藻、三角角藻	刚毛根管藻、尖刺拟菱形藻
浮游动物	物种（种）	28	37	35	67	55	25	43	30	10	29	34
	数量（个/m³）	189	128	97	828	1 025	162	191	29	1 291	79	34
	多样性指数	2.67	1.99	1.36	1.91	1.94	1.96	2.83	2.43	1.01	3.30	2.62
	主要优势种	中华哲水蚤、墨氏胸刺水蚤	背针胸刺水蚤、强壮箭虫	强壮箭虫、夜光虫	强壮箭虫、小拟哲水蚤	小拟哲水蚤、强壮箭虫	双毛纺锤水蚤、克氏纺锤水蚤	肥胖三角溞、强壮箭虫	强壮箭虫、强额拟哲水蚤	腹针胸刺水蚤、中华哲水蚤	强壮箭虫、五角水母	中华哲水蚤、强壮箭虫
底栖动物	物种（种）	44	43	45	129	110	87	103	97	91	90	123
	数量（个/m²）	254	210	200	4 520	258	738	4 161	319	199	672	943
	多样性指数	2.70	2.03	0.94	1.84	1.60	3.36	2.74	3.19	2.98	3.21	3.73
	主要优势种	凸壳肌蛤、巴西沙蠋	米列虫、栉鳃虫	不倒翁虫、须鳃虫	—	—	凸壳肌蛤、小头虫	凸壳肌蛤	凸壳肌蛤、小头虫	索沙蚕、小头虫	东方缝栖蛤、欧文虫	欧文虫、日本鳞缘蛇尾

表 2-4 2014 年重点海域海洋生物多样性状况

监测区域		近岸海域		海洋保护区		莱州湾		庙岛群岛	
				自然/特别	水产种质				
监测时间		5月	8月	8月	8月	5月	8月	5月	8月
浮游植物	物种（种）	59	61	97	106	31	42	32	48
	数量（×10⁴ 个/m³）	238.2	1 218.4	497.1	249.7	41.3	350.4	7.9	222.0
	多样性指数	1.49	2.17	2.32	2.02	1.51	2.47	1.30	2.58
	主要优势种	斯氏根管藻、中肋骨条藻	中肋骨条藻、大洋角毛藻	旋链角毛藻、丹麦细柱藻	丹麦细柱藻、洛氏角毛藻	斯氏根管藻	佛氏海毛藻、旋链角毛藻	具槽直链藻、夜光藻	三角角藻、旋链角毛藻
浮游动物	物种（种）	31	46	85	88	29	26	20	25
	数量（个/m³）	273	82	745	241	415.7	119	1 051	410
	多样性指数	1.85	2.31	2.13	2.42	2.22	2.87	1.08	2.92
	主要优势种	中华哲水蚤、强壮箭虫	强壮箭虫、刺尾歪水蚤	强壮箭虫、克氏纺锤水蚤	强壮箭虫、小拟哲水蚤	双刺纺锤水蚤、强壮箭虫	小拟哲水蚤、强壮箭虫	中华哲水蚤、墨氏胸刺水蚤	小拟哲水蚤、拟长腹剑水蚤
底栖动物	物种（种）	50	51	191	186	122	113	116	117
	数量（个/m³）	219	332	751	161	951	2 708	1 554	2 495
	多样性指数	2.03	2.28	1.90	2.34	3.45	3.18	4.27	4.39
	主要优势种	不倒翁虫、丝鳃虫	梳鳃虫、不倒翁虫	凸壳肌蛤、不倒翁虫	丝异须虫、东方缝栖蛤	丝异须虫、寡节甘吻沙蚕	凸壳肌蛤、丝异须虫	双栉虫、日本鳞缘蛇尾	深钩毛虫、丝异须虫

群岛呈增长的变化趋势，莱州湾典型生态系统呈下降趋势。浮游动物密度波动较大，不同区域差异显著，莱州湾浮游动物密度明显偏低，各区域年际变化趋势不明显。浮游动物多样性指数范围 1.54 ~ 2.55，多样性程度较好，不同年际间多样性指数基本呈升高趋势。

2012—2014 年山东海域分别鉴定出底栖生物 306 种、322 种、338 种，主要类群为环节动物、软体动物和节肢动物。不同区域底栖生物种类数差别较大，海洋保护区鉴定出种类数最多，近岸海域较少。从年际变化趋势看，底栖生物种类数总体呈增长趋势。莱州湾底栖生物密度较高，呈逐年增长的趋势，近岸海域底栖生物密度较低，海洋保护区及庙岛群岛不同年际间密度变化较大。底栖生物多样性指数范围 1.53 ~ 4.33，多样性程度较好，莱州湾典型生态系统多样性指数略高且较为稳定，庙岛群岛多样性指数呈明显升高趋势。

第 3 章　功能区环境状况与评价

3.1　典型生态系统

3.1.1　莱州湾典型生态系统

莱州湾是渤海三大海湾之一，位于渤海南部，山东半岛北部。莱州湾拥有 $86.7 \times 10^4 \, hm^2$，面积约占渤海的 10%。泥沙底质，海底平坦，饵料生物丰富，是多种海洋经济生物的产卵、索饵场，黄海、渤海水产资源群系的三大产卵场之一，被誉为渤海、黄海的"母亲湾"。

2010—2014 年连续 5 年海洋生态环境监测结果显示：①水环境：无机氮是莱州湾最主要的超标物质，且呈现逐渐升高的趋势，氮磷比失衡情况依然突出并继续加剧，莱州湾南部近岸海域尤其是小清河河口邻近海域富营养化程度较重，有机污染指数较高。②沉积环境：有机碳、硫化物和石油类均符合海洋沉积物质量一类标准，健康指数均为 10，沉积环境总体较为稳定，质量较好。③生物生态：浮游生物及底栖生物群落健康指数依然较低，鱼卵及仔稚鱼数量较历史数据锐减。近 5 年，莱州湾生态系统总体健康状况为亚健康。

3.1.1.1　水环境

无机氮是莱州湾的主要超标物质，近 5 年无机氮含量总体呈现升高的趋势，8 月含量较 5 月普遍偏低，但升高趋势明显。石油类在 2010—2013 年含量普遍较高，超出二类海水水质标准（表 3-1），尤其是在 2011 年 8 月，石油类含量异常偏高，为四类水质，其中 20% 站位为劣四类水质。这可能与 2011 年 6 月发生的 19-3 溢油事件有关，自 2011 年 8 月往后总体呈现下降的趋势。化学需氧量在 2014 年 5 月超标，其他时段无超标现象，pH、溶解氧、活性磷酸盐在监测期内均符合二类海水水质标准。

富营养化是莱州湾的一个突出问题，尤其在小清河河口邻近区域，富营养化水平普遍偏高。受无机氮升高、活性磷酸盐降低趋势影响，莱州湾海域氮磷比失衡情况突出，且呈逐年增加的趋势，增速达 92.5/年。控制氮磷比失衡是减轻富营养化危害，降低赤潮发生风险的重要途径。有机污染指数总体维持在轻度污染到严重污染之间，总体呈逐年升高的趋势，增速为 0.26/年。污染严重区域主要集中在小清河河口邻近区域（图 3-1）。

表 3-1　符合二类海水水质标准情况

项目	2010 年		2011 年		2012 年		2013 年		2014 年	
	5 月	8 月	5 月	8 月	5 月	8 月	5 月	8 月	5 月	8 月
pH	符合	符合	符合	符合	符合	符合	符合	符合	符合	符合
溶解氧	符合	符合	符合	符合	符合	符合	符合	符合	符合	符合
化学需氧量	符合	符合	符合	符合	符合	符合	符合	符合	超标	符合
无机氮	超标	符合	超标	超标	超标	超标	超标	超标	超标	超标
活性磷酸盐	符合	符合	符合	符合	符合	符合	符合	符合	符合	符合
石油类	超标	超标	超标	符合	超标	超标	符合	符合	符合	符合

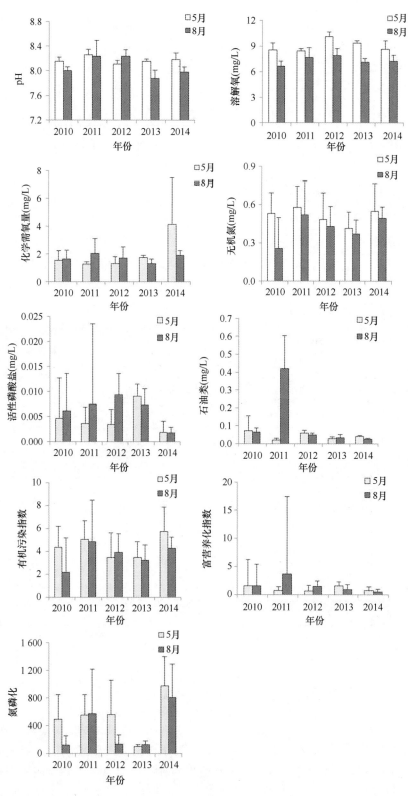

图 3-1　水质调查结果

3.1.1.2 沉积环境

2010—2014 年,莱州湾海域内沉积物中有机碳、硫化物和石油类总体符合《海洋沉积物质量》(GB-18668)一类标准值,沉积环境质量较好(表 3-2)。

表 3-2 沉积环境底质类型

监测站位	经度(°E)	纬度(°N)	底质类型				
			2010 年	2011 年	2012 年	2013 年	2014 年
A1B37YQ021	119.280 556	37.664 722	TY		TS	TS	TS
A1B37YQ022	119.334 444	37.666 944	TY	T	ST	ST	ST
A1B37YQ023	119.503 333	37.665 556	TY	TS	ST	ST	ST
A1B37YQ024	119.673 611	37.667 778	TY	TS	TS	TS	TS
A1B37YQ025	119.833 333	37.667 778	TY	TS	ST	ST	ST
A1B37YQ026	120.088 056	37.583 889	YT	TS	ST	ST	ST
A1B37YQ027	119.169 722	37.495 556	YT	TS	ST	ST	ST
A1B37YQ028	119.328 889	37.505 556	TY	TS	ST	TS	ST
A1B37YQ029	119.516 944	37.506 944	TY	TS	ST	ST	ST
A1B37YQ030	119.673 889	37.498 889	TY	TS	ST	ST	ST
A1B37YQ031	119.841 389	37.495 278	TY	TS	ST	ST	ST
A1B37YQ032	119.084 444	37.420 556	YT	TY	ST	TS	ST
A1B37YQ033	119.255 833	37.333 333	YT	ST	ST	TS	ST
A1B37YQ034	119.504 167	37.334 722	TY	T	ST	ST	ST
A1B37YQ035	119.666 389	37.318 889	TY	TS	ST	ST	ST
A1B37YQ036	119.777 778	37.284 722	TY	ST	ST	ST	ST
A1B37YQ037	119.088 889	37.297 222	T	T	ST	ST	ST
A1B37YQ038	119.273 889	37.197 778	TY	TS	TS	TS	TS
A1B37YQ039	119.487 500	37.200 000	TY	T	TS	TS	TS
A1B37YQ040	119.663 333	37.198 056	YT	TS	TS	TS	TS

注:TY——粉砂质黏土;T——粉砂;YT——黏土质粉砂;TS——粉砂质砂;ST——砂质粉砂。

3.1.1.3 生物群落

1)浮游植物

浮游植物种类数在 2012 年 8 月达到最高值,其余年份略低,浮游植物的种类数呈现明显的季节变化,8 月的种类数明显高于 5 月。8 月水温较高,降水丰富,携带大量营养物质的淡水涌入莱州湾,促进了浮游植物的大量繁殖(图 3-2)。从种类组成看,浮游植物的种类组成总体未发生明显变化,硅藻仍占据绝对优势地位,甲藻则随着时间的推移呈现明显的波动。浮游植物的优势种呈现较为明显的变化,不同年份的优势种变化很大,旋链角毛藻和中肋骨条藻连续 3 年为莱州湾的优势种,其他优势种在不同年际间的波动较大(表 3-3)。

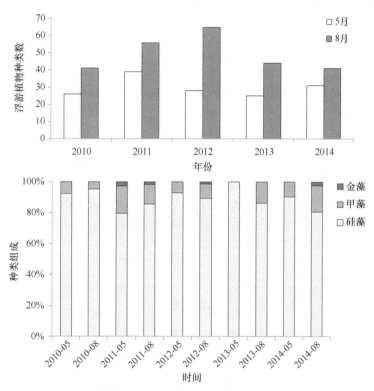

图 3-2　浮游植物种类

表 3-3　浮游植物优势种变迁

优势种类	2010 年	2011 年	2012 年	2013 年	2014 年
旋链角毛藻		+	+	+	+
中肋骨条藻	+	+	+		
角毛藻		+			
具槽直链藻	+		+		
劳氏角毛藻		+			+
斯氏根管藻		+			+
细弱圆筛藻	+	+			
夜光藻	+	+			
圆筛藻		+		+	
舟形藻			+	+	
柏氏角管藻	+				
布氏双尾藻	+				
大洋角管藻		+			
短柄曲壳藻			+		
佛氏海毛藻					+
辐杆藻属					+
辐射圆筛藻				+	
高盒形藻		+			
角毛藻属					+

续表

优势种类	2010 年	2011 年	2012 年	2013 年	2014 年
卡氏角毛藻					+
冕孢角毛藻				+	
拟弯角毛藻				+	
拟旋链角毛藻			+		
琼氏圆筛藻			+		
柔弱几内亚藻				+	
柔弱角毛藻		+			
透明辐杆藻		+			
小环藻			+		
印度翼根管藻		+			
窄隙角毛藻			+		
长菱形藻				+	

浮游植物的密度在 2013 年 8 月出现明显的峰值（图 3-3），主要是由于此时拟弯角毛藻大量繁殖造成的，其他年份浮游植物的密度维持在较为稳定的状态。由于拟弯角毛藻的大量繁殖，而其他种类的密度相对较低，造成 2013 年 8 月浮游植物多样性指数明显低于其他年份同期水平，莱州湾浮游植物多样性指数总体维持在 1.5~2.5 之间，不同年际间的波动较为明显（图 3-4）。

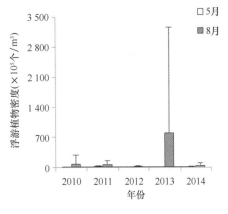

图 3-3　浮游植物密度

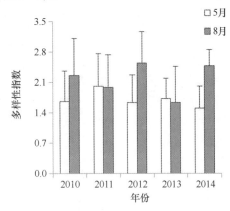

图 3-4　浮游植物多样性指数

2）浮游动物

浮游动物种类数总体呈现下降的趋势，8 月种类明显高于 5 月，且下降趋势较 5 月明显（图 3-5）。浮游动物的种类组成以桡足类和浮游幼虫为主，其他种类不同年际间波动较为剧烈，尤其是腔肠动物（水母类），近年来逐渐呈现增多的趋势。这可能与近年来莱州湾水温持续升高，氮磷比失衡逐渐加剧有关。浮游动物优势种年际间的变化较浮游植物稳定，强壮箭虫、中华哲水蚤、双刺纺锤水蚤、小拟哲水蚤等是较为普遍的优势种（图 3-6）。

浮游动物密度呈现出较为明显的下降趋势，生物量（除 2014 年 5 月外）也表现出相同的变化趋势，2014 年 5 月生物量偏高主要是由此时水螅水母类（斑芮氏水母）数量较多引起的，水螅水母类的含量较高，明显提高了浮游动物的总生物量。与浮游动物密度变化趋势相反，浮游动物多样性指数则表现出不断升高的趋势，8 月浮游动物多样性指数明显高于 5 月（表 3-4）。

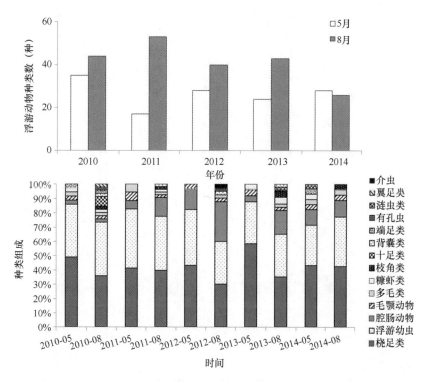

图 3-5　浮游动物种类

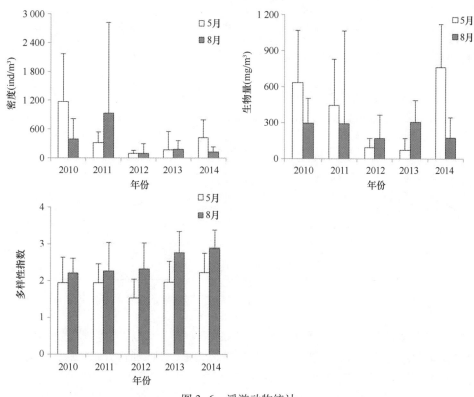

图 3-6　浮游动物统计

表 3-4　浮游动物优势种类变迁

优势种类	2010 年	2011 年	2012 年	2013 年	2014 年
强壮箭虫	+	+	+	+	+
长尾类幼体	+	+	+	+	+
背针胸刺水蚤		+	+	+	+
短角长腹剑水蚤	+	+	+	+	
短尾类幼体	+	+	+		+
双刺纺锤水蚤		+	+	+	+
中华哲水蚤	+	+	+	+	
强额拟哲水蚤		+	+		
小拟哲水蚤	+			+	+
克氏纺锤水蚤		+		+	
墨氏胸刺水蚤		+		+	
双壳类壳顶幼虫		+		+	
太平洋纺锤水蚤		+		+	
汤氏长足水蚤				+	+
阿利玛幼体					+
斑芮氏水母					+
刺尾歪水蚤				+	
肥胖三角溞				+	
拟长腹剑水蚤					+
桡足类幼体					+
无节幼体		+			
锡兰和平水母			+		
虾卵			+		
夜光虫	+				
真刺唇角水蚤	+				

3）底栖生物

底栖生物种类数较为丰富且呈现出逐年升高的趋势，不同年际间种类组成较为稳定，多毛类、软体动物和节肢动物是莱州湾底栖生物的主要类群，寡节甘吻沙蚕、凸壳肌蛤、小头虫是莱州湾较为常见的优势种，其他优势种不同年际间变化较大（表 3-5）。底栖生物的密度呈现下降的变化趋势，而生物量却不断升高，底栖生物多样性指数范围维持在 2~3 之间，且呈逐渐升高的变化趋势，其群落结构稳定性不断增强（图 3-7、图 3-8）。

表 3-5　底栖生物优势种类变迁

优势种类	2010 年	2011 年	2012 年	2013 年	2014 年
小头虫	+	+	+	+	
凸壳肌蛤		+	+	+	+
紫壳阿文蛤	+	+	+		
寡节甘吻沙蚕			+	+	+
钩虾亚目			+	+	
变肢虫亚目			+	+	
稚齿虫					+
丝异须虫					+
日本中磷虫			+		
昆士兰稚齿虫			+		
江户明樱蛤			+		
寡鳃齿吻沙蚕					+
寡节甘沙蚕		+			
钩虾类		+			
独指虫					+
薄荚蛏		+			

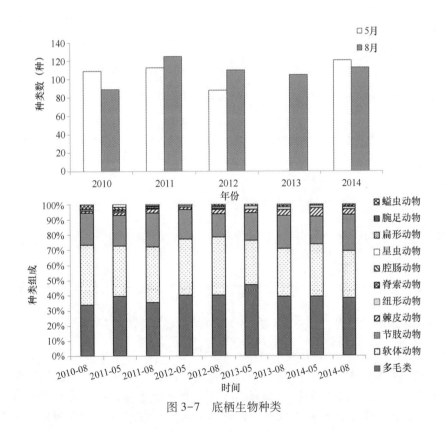

图 3-7　底栖生物种类

3.1.1.4　生态系统健康评价

2011 年莱州湾水环境健康指数较低，其他年份基本维持在 13 以上，生物群落健康指数较低，均在 20

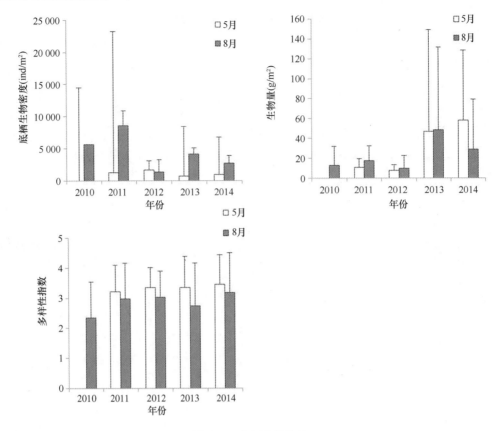

图 3-8　底栖生物统计

以下，生物密度异常波动是造成指数偏低的主要原因。莱州湾沉积环境质量较好，未见超标物质。莱州湾生态系统总体健康指数范围 61.6~67.3，健康水平为亚健康（表 3-6）。

表 3-6　生态系统健康指数

年份	健 康 指 数					
	水环境	沉积物	生物群落	栖息地	生物质量	综合健康指数
2010	13.6	10.0	18.8	15.0	10	67.3
2011	11.8	10.0	17.8	15.0	10	64.7
2012	13.1	10.0	13.5	15.0	10	61.6
2013	13.1	10.0	17.0	15.0	10	65.1
2014	13.3	10.0	16.8	15.0	10	65.2

3.1.1.5　主要生态问题

莱州湾是重要的海水养殖区，也是渤海多种经济鱼虾类的产卵场。黄河、小清河、胶莱河等 10 余条河流在此入海，为莱州湾带来大量营养物质；同时，河流径流量的变化以及河水的污染问题也直接影响着莱州湾产卵场的理化环境。近 5 年来，莱州湾近岸海水部分指标（如石油类）略有好转，而总体环境状况未见明显改善，氮磷比失衡现象依然存在，有机污染在河口邻近海域较为明显；围填海工程项目不断增加，自然岸带保护形势严峻，生物群落健康指数依然偏低。主要生态问题如下。

1）入海河流影响显著，水域有机污染较重

陆源污染是莱州湾的主要污染源，陆源污染物主要是通过径流进入莱州湾。黄河和小清河是莱州湾主要的陆源污染物来源。据统计，莱州湾海域每年受纳陆源污水超过 2×10^8 t，占全省沿岸污水排放量的 11% 左右，受纳海上污染物质超过 10×10^4 t，大量的污水排入莱州湾，引起有机污染和局部富营养化。

5 年来，莱州湾无机氮含量不断升高，超标程度逐年加重，高值区主要出现在小清河河口邻近海域。无机氮升高的同时，磷酸盐的含量却不断降低，导致氮磷比失衡现象逐年加重，较高的无机氮和氮磷比极易诱发赤潮、水母等灾害的发生。莱州湾西部河口区尤其小清河河口附近海域富营养化和有机污染显著。莱州湾近岸海域有机污染较重，多数站位为严重污染等级。

2）围填海工程项目增加，环境承载力减弱

莱州湾沿岸地区经济的快速发展，特别是围填海、盲目挖砂和无序用海等行为，使莱州湾地区（特别是莱州市）自然岸带资源严重缩减，过度围填海对邻近海域水文、环境质量造成了一定影响。莱州湾围填海总面积近年来呈增加趋势。围填海用途为围海养殖和人工鱼礁用海、渔港渔业生产基地项目、港区散货堆场、岸滩环境整治、人工岛、渔港和旅游码头、高端制造业聚集区，其中以龙口人工岛、龙口湾临港高端制造业聚集区（招远部分）、莱州阳光海湾旅游度假中心工程和潍坊人工鱼礁及滨海生态旅游度假区项目建设为主。围填海使曲折的岸线变直，海湾变成了陆地。海岸线变化导致海岸水动力系统变化剧烈，大大减弱了海洋的环境承载力；生物多样性降低。鱼卵、仔稚鱼资源逐年减少，鱼类的产卵场和索饵场遭到破坏，渔业资源难以延续。

3）鱼类产卵数量偏低，鱼类资源衰退明显

近年来，鱼卵和仔稚鱼数量一直处于较低水平，与 20 世纪 80 年代相比均大幅降低。鱼卵、仔稚鱼数量和产卵场改变可能是导致鱼类资源大幅度下降的直接原因。此外，鱼类资源结构发生改变，导致优势种发生改变。20 世纪以来，鱼卵、仔稚鱼优势种均以鳀鱼（*Engraulis japonicus*）为主，但近几年同期优势种均变为斑鲦（*Konosirus punctatus*），优势种的改变导致其他相关鱼类产卵索饵路线的改变，特别是以鳀鱼（*Engraulis japonicus*）为饵料的蓝点马鲛（*Scomberomorus niphonius*）和鲐鱼（*Pneumatophorus japonicus*）等鱼卵数量大幅减少。

3.1.1.6　对策与建议

健康的海洋生态环境是区域经济生态安全和社会环境和谐的重要保障。近年来，对莱州湾海域的过度开发、无序利用，致使莱州湾的生态环境十分脆弱，已影响到当地社会经济的健康持续发展和居民的生存环境。开展污染治理和生态修复已刻不容缓。以恢复和改善莱州湾的水质和生态环境为立足点，陆海兼顾，河海统筹，调整和改变该地区的生产生活方式，促进经济增长方式的转变。以配合陆源污染治理，分层推进，突出重点地开展莱州湾近岸海域生态环境的保护、整治和恢复，集中抓好沿海主要城市邻海区、重点河口附近海区及主要海湾的污染防治和生态保护。以防灾减灾为重点，防止重大海上污染事故和海洋环境灾害，全面改善近岸海域环境质量，实现海洋生态环境良性循环，促进莱州湾沿岸海洋经济持续健康发展。

1）重视入海河流治理，严格实施排海污染物总量控制

近几年来，山东省对小清河水污染防治工作十分重视，加强了环境立法，强化了工业污染源治理。近几年对小清河的治理取得成效，污染物排放明显减少，但莱州湾西部河口邻近海域尤其小清河口邻近海域无机氮、化学需氧量含量仍然偏高。

建议以小清河综合整治为突破口，继续对污染严重的入海河流进行重点整治与保护：对原有污染源实行综合治理和改造，对新污染源实施严格控制，加强工业废水和城市污水处理能力，提高处理率和达标率，科学估算海域的环境容量，对主要污染物实施限定排放浓度和总量控制制度，从根本上控制污染物的入海量。实施污染整治和排海污染物总量控制示范工程。以河流入海海域的功能区划所要求达到的水质标准作为约束条件，通过污染物-水质响应模型，计算确定该河流的最大排海污染物总量，实施入海排污总量控制管理。建立莱州湾排污总量控制示范制度。开展沿岸尾矿库生态治理，研究筛选微生物菌

种，治理重金属污染，改善沉积物质量。开展莱州湾排海企业专项整治，加强入海污染物监控和管理，监督入海排污企业，加大排污治理投入和治污设施运转。

2）加强海洋生态重建及资源保护，恢复海洋生物与渔业资源

莱州湾地区河海交汇，是黄渤海渔业生物的主要产卵场、栖息地和索饵场，是渤海复合渔业的传统渔场，有区域性单种群渔业及捕捞方式多样化的特点。莱州湾近岸生态系统比较复杂且脆弱，生物资源发生量波动显著。同时，又是人类海洋开发利用活动频繁和密集的区域，生物资源开发利用方法多样，融筏式养殖、底播增殖、人工放流、人工鱼礁、港湾养殖、人工圈养、网箱养殖、滩涂护养等增养殖渔业和定置网、底拖网、浮拖网、流刺网、围网、休闲游钓等捕捞活动为一体，导致生物资源和生态环境承受着巨大的压力。

以生物多样性为基础，以营养链为网络，重建海洋生态系统的完整性，从而使海洋生态系统生产力得以恢复和提高。建设海洋特别保护区、滨海湿地自然保护区和种质资源保护区。重视海洋生态环境保护与污染治理，大力推进渔业资源修复行动计划，加强自然保护区和种质资源保护区建设，同时加强捕捞强度控制和养殖密度控制，实现海洋渔业长期的合理开发利用。

海洋渔业生态系统恢复重建是一个长期、复杂的过程，需要经过较长时间的不懈努力及相应的保障措施，我国海洋渔业生态系统才能得到较好的恢复重建，濒危海洋野生动植物和水生生物多样性才能得到有效保护，从而实现海洋渔业资源长期的可持续利用。

3）倡导和谐海洋理念，建设海洋生态文明

发挥新闻媒介的舆论监督和导向作用，加强渤海碧海行动计划宣传教育，鼓励和支持公众参与渤海碧海行动。大力弘扬先进海洋文化，推进海洋生态文明建设，加快构建海洋蓝色生态屏障，促进海洋经济科学、和谐、率先发展。

加强海洋生态保护，打造强大的"绿色生态屏障"。开展海洋资源与生态修复，推进"海底森林"建设，全面开展海洋生态修复，实施人工造礁和苗种放流，发展深海生态立体养殖，科学用海，科学养海；实施一批海陆污染同防同治工程，严格控制海陆污染；继续抓好沿海防护林带建设，加快更新改造和补植加宽，使沿海基干防护林基本合龙，为蓝色区域打造绿色生态屏障。

倡导和谐海洋理念，增强海洋生态文明意识。深入开展海洋生态文明宣传教育工作，重点建设海洋保护区、海洋公园等海洋生态环境科普教育基地；建立完善公众参与机制，提高公众投身海洋生态文明建设的自觉性和积极性，努力形成关心、珍惜、保护海洋生态环境的良好氛围，在全社会牢固树立海洋生态文明理念。

3.1.2 庙岛群岛

长岛（长山列岛）又称庙岛群岛，位于山东半岛和辽东半岛之间，地处环渤海经济圈的连接带，是山东省唯一的海岛县。群岛由32个岛屿组成，岛陆面积56 km²，海域面积8 700 km²，海岸线146 km，主要岛屿是南长山岛和北长山岛。地貌以低山丘陵为主，有40多座山头海拔在百米以上，最高点位于高山岛，海拔202.8 m；最低点东嘴石岛，海拔7.2 m。众多岛屿南北向排布，纵贯渤海海峡南部，占据了海峡3/5的海面，以北砣矶水道、长山水道为界，分为北、中、南三岛群。南岛群地势平缓，多沙滩、石滩；中、北岛群地势高陡，多岩岸。岛屿土壤棕壤土为地带性土壤，主要分布在中上部；下部分布有褐土；大多数岛局部覆盖有第四系黄土。30 cm以下的薄土层有2.1 km²，30～60 cm厚的中土层约1.33 km²，60 cm以上的厚层土约4.66 km²。

长岛气候宜人，冬暖夏凉，属东亚暖温带季风区大陆性气候，年均气温11.9℃，年均降水量560 mm，降雨年际变化大，年内分配不均，59%的降水集中在夏季。年日照时数2 554 h，无霜期243 d，森林覆盖率53.2%。岛上风景秀丽，空气清新，奇礁异石众多，素有"海上仙山"和"天然氧吧"之称，

是理想的旅游避暑胜地。独特的地理位置和优越的自然条件，使之成为候鸟迁徙的必经之地，每年途经的候鸟有 200 余种，百万只之多，享有候鸟"驿站"的美誉，已被列为国家级自然保护区、重点风景名胜区和森林公园。

由于近年来的持续开发和旅游增长带来的压力，庙岛群岛生态系统受到一定程度的干扰。为及时了解海洋环境变化趋势，山东省海洋环境监测中心于 2012 年开始每年 5 月和 8 月在庙岛群岛典型生态系统开展了连续和系统的监测（监测站位见图 3-9），监测项目包括水环境、沉积物环境、浮游植物、浮游动物、底栖生物、鱼卵和仔稚鱼等，监测发现：①水环境：无机氮是庙岛群岛最主要的超标物质，虽然近年有下降的趋势，但氮磷比失衡情况依然突出，群岛东北部海域富营养化程度较重，有机污染指数较高。②沉积环境：有机碳、硫化物和石油类均符合海洋沉积物质量一类标准，健康指数均为 10，沉积环境总体较为稳定，质量较好。③生物生态：浮游生物及底栖生物群落健康指数依然较低，鱼卵数量虽然呈逐年上升趋势，但总体数量与 20 世纪 80 年代相比大幅降低，仔稚鱼较历史数据锐减。近 3 年，庙岛群岛生态系统总体健康状况为亚健康。

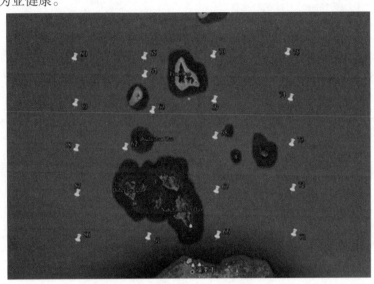

图 3-9　庙岛群岛典型生态区监测站位

3.1.2.1　水环境

无机氮是庙岛群岛的主要超标物质，近 3 年无机氮含量总体呈现下降趋势，但每年依然有部分海域无机氮含量超二类海水水质标准。石油类在 2012—2014 年含量变化不大，均符合二类海水水质标准。pH、溶解氧、化学需氧量及活性磷酸盐在监测期内均符合二类海水水质标准（表 3-7）。

表 3-7　符合二类海水水质标准情况

项目	2012 年		2013 年		2014 年	
	5 月	8 月	5 月	8 月	5 月	8 月
pH	符合	符合	符合	符合	符合	符合
溶解氧	符合	符合	符合	符合	符合	符合
化学需氧量	符合	符合	符合	符合	符合	符合
无机氮	超标	超标	超标	超标	超标	超标
活性磷酸盐	符合	符合	符合	符合	符合	符合
石油类	符合	符合	符合	符合	符合	符合

由图 3-10 可以看出，2012—2014 年庙岛群岛海域海水的 pH 和盐度略有下降，总体变化不大。表层与底层含量基本一致。

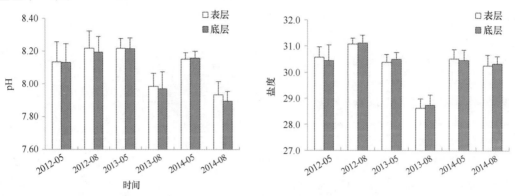

图 3-10　2012—2014 年 5 月和 8 月庙岛群岛海域海水 pH 及盐度含量变化

受无机氮升高、活性磷酸盐降低趋势影响，庙岛群岛海域氮磷比失衡情况突出，2014 年 5 月的氮磷比高达 285.6。控制氮磷比失衡是减轻富营养化危害，降低赤潮发生风险的重要途径。2012—2014 年，庙岛群岛海域富营养化指数及有机污染指数均呈逐年下降趋势，群岛南部局部海区富营养化指数及有机污染指数大于 1，群岛海域水质整体状况较好（图 3-11）。

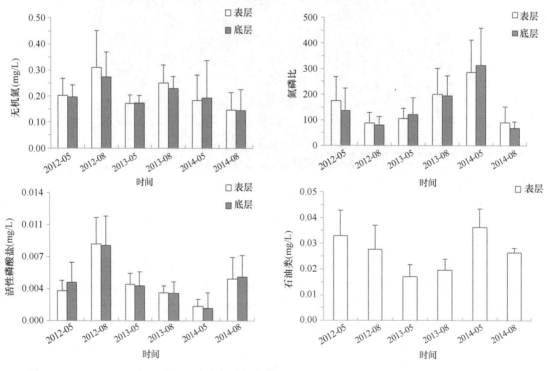

图 3-11　2012—2014 年 5 月和 8 月庙岛群岛海水无机氮、氮磷比、活性磷酸盐、石油类含量变化

由图 3-12 得出，2012—2014 年庙岛群岛海水无机氮变化较大，整体呈下降趋势。但 2014 年 5 月和 8 月仍有 30.0% 和 20.0% 的站位无机氮含量超出一类海水水质标准。2014 年 5 月监测海域海水氮磷比较高，主要是由活性磷酸盐含量偏低造成。

3.1.2.2　沉积环境

2012—2014 年，庙岛群岛海域内沉积物中有机碳、硫化物和石油类总体符合《海洋沉积物质量》

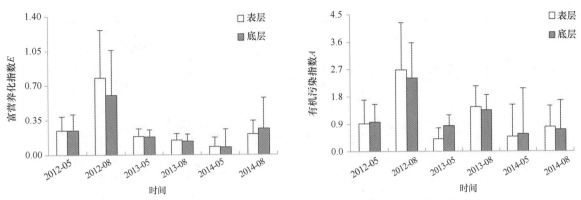

图 3-12　2012—2014 年 5 月和 8 月庙岛群岛海水富营养化及有机污染指数

（GB 18668）一类标准值，沉积环境质量较好（表 3-8、图 3-13、图 3-14）。

表 3-8　沉积环境底质类型

监测站位	经度（E）	纬度（N）	底质类型		
			2012 年	2013 年	2014 年
A1B37YQ056	120°29′00″	37°52′00″	砂质粉砂 ST	砂质粉砂 ST	粉砂 T
A1B37YQ057	120°29′00″	37°57′00″	砂质粉砂 ST	粉砂 T	粉砂 T
A1B37YQ058	120°29′00″	38°2′00″	砂质粉砂 ST	砂质粉砂 ST	粉砂 T
A1B37YQ059	120°29′00″	38°7′00″	砂质粉砂 ST	砂纸粉砂 ST	砂质粉砂 ST
A1B37YQ060	120°29′00″	38°12′00″	砂质粉砂 ST	砂质粉砂 ST	砂质粉砂 ST
A1B37YQ061	120°39′00″	37°52′00″	粉砂 T	粉砂 T	砂质粉砂 ST
A1B37YQ062	120°36′00″	38°2′00″	砂质粉砂 ST	砂质粉砂 ST	砂质粉砂 ST
A1B37YQ063	120°40′00″	38°6′00″	砂质粉砂 ST	砂纸粉砂 ST	砂质粉砂 ST
A1B37YQ064	120°39′00″	38°10′00″	砂质粉砂 ST	粉砂 T	砂质粉砂 ST
A1B37YQ065	120°39′00″	38°12′00″	砂质粉砂 ST	砂质粉砂 ST	砂质粉砂 ST
A1B37YQ066	120°49′00″	37°52′00″	粉砂 T	粉砂 T	砂质粉砂 ST
A1B37YQ067	120°49′00″	37°57′00″	粉砂 T	砂质粉砂 ST	粉砂 T
A1B37YQ068	120°49′00″	38°3′00″	砂质粉砂 ST	砂质粉砂 ST	粉砂 T
A1B37YQ069	120°49′00″	38°7′00″	砂质粉砂 ST	粉砂 T	粉砂 T
A1B37YQ070	120°49′00″	38°12′00″	砂质粉砂 ST	砂质粉砂 ST	砂质粉砂 ST
A1B37YQ071	121°00′00″	37°52′00″	粉砂 T	砂质粉砂 ST	粉砂 T
A1B37YQ072	121°00′00″	37°57′00″	粉砂 T	砂质粉砂 ST	粉砂 T
A1B37YQ073	121°00′00″	38°2′00″	砂质粉砂 ST	粉砂质砂 TS	砂质粉砂 ST
A1B37YQ074	121°00′00″	38°7′00″	砂质粉砂 ST	砂纸粉砂 ST	砂质粉砂 ST
A1B37YQ075	121°00′00″	38°12′00″	砂质粉砂 ST	粉砂 T	粉砂质砂 TS

3.1.2.3　生物群落

1）浮游植物

（1）种类组成

2012—2014 年庙岛群岛所采集样品中共鉴定出浮游植物种类为 105 种，其中硅藻 86 种，占总种类数的 81.90%，甲藻 17 种，金藻和黄藻各 1 种（图 3-15）。

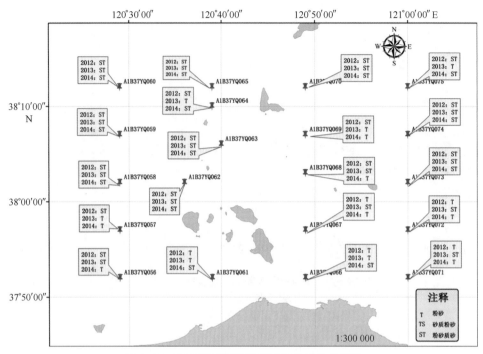

图 3-13 庙岛群岛海域沉积底质砂质分布情况

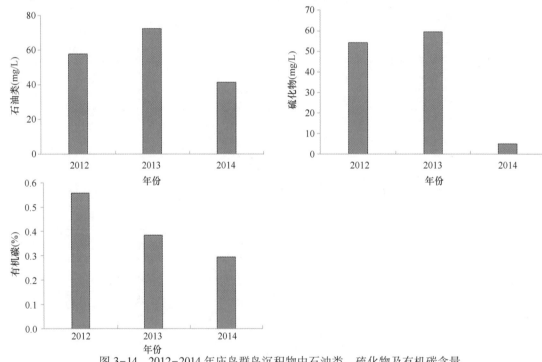

图 3-14 2012-2014 年庙岛群岛沉积物中石油类、硫化物及有机碳含量

（2）群落结构

近 3 年庙岛群岛海域浮游植物密度变化较大，整体呈上升趋势，最低值出现在 2013 年 8 月，平均细胞密度为 7.6×10^4 cells/m^3，2014 年 8 月该海域浮游植物密度为近 3 年的最高值，平均值达到 2.2×10^6 cells/m^3。浮游植物多样性指数较为稳定，2014 年 5 月多样性指数较低的原因是具槽直链藻的大量繁殖，其优势度达 0.78，使得浮游植物多样性指数远低于其他年份同期水平（图 3-16）。浮游植物优势种变化较大，三角藻、梭角藻及圆筛藻连续 3 年均为优势种类，其他优势种则不同时期变化较大（表 3-9）。

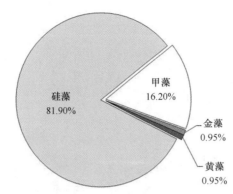

图 3-15 浮游植物种类组成

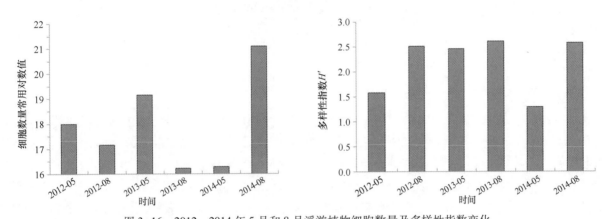

图 3-16 2012—2014 年 5 月和 8 月浮游植物细胞数量及多样性指数变化

表 3-9 浮游植物优势种类变迁

优势种类	2012 年		2013 年		2014 年	
	5 月	8 月	5 月	8 月	5 月	8 月
具槽直链藻	+	+			+	+
泰晤士扭鞘藻		+				
柔弱角毛藻			+			
简单裸甲藻	+					
海洋原多甲藻	+		+			
三角角藻		+		+		+
梭角藻		+		+		+
圆筛藻属	+	+		+	+	
角毛藻						
柔弱根管藻			+			
佛氏海链藻						
裸甲藻	+					
夜光藻				+	+	
佛氏海毛藻				+		
窄隙角毛藻				+		+
密连角毛藻					+	
旋链角毛藻						+
劳氏角毛藻		+				+
角毛藻属						

2）浮游动物

（1）种类组成

2012—2014年庙岛群岛所采集样品中共鉴定出浮游动物种类为47种，其中节肢动物24种，占总种类数的51.06%；刺胞动物7种，占总种类数的14.89%；软体动物、毛颚动物及脊索动物各1种，浮游幼虫13种（图3-17）。

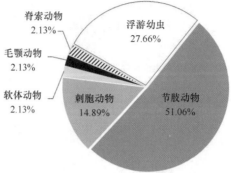

图3-17　浮游动物种类组成

（2）群落结构

由图3-17可知，2012—2012年庙岛群岛海域浮游动物细胞密度变化较大。每年5月的平均细胞密度均高于同年8月，2013年5月浮游动物的细胞密度为近3年的最高值，均值达1 291个/m³，最低值出现在同年8月，为83个/m³，2014年8月浮游动物的平均细胞密度远高于2012年和2013年同期。浮游动物生物量变化情况（除2014年8月外）与密度变化情况一致，2014年8月浮游动物密度低于同年5月而生物量却远高于同年5月，其原因是该月水螅水母类（锡兰和平水母）数量较多所致。多样性指数其变化规律与细胞密度的变化相反，每年5月浮游动物的多样性指数均低于同年8月。这主要是由于每年5月的细胞密度虽远高于同年8月，但往往以某一种浮游动物为绝对优势种，因而其多样性指数大大降低。浮游动物优势种年际间的变化较浮游植物稳定，墨氏胸刺水蚤、强壮箭虫、中华哲水蚤、小拟哲水蚤等是较为普遍的优势种（图3-18、表3-10）。

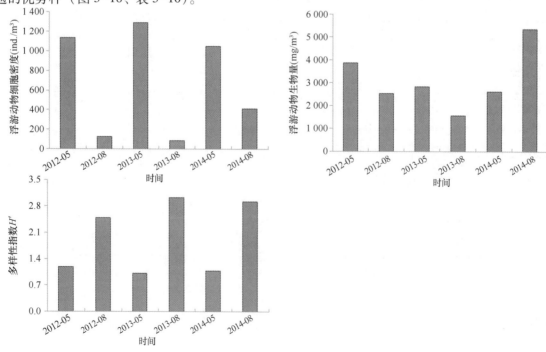

图3-18　2012—2014年5月和8月浮游动物细胞密度、生物量及多样性指数变化

表 3-10　浮游动物优势种类变迁

优势种类	2012 年		2013 年		2014 年	
	5 月	8 月	5 月	8 月	5 月	8 月
墨氏胸刺水蚤	+		+		+	
中华哲水蚤	+	+	+	+	+	
强壮箭虫		+		+	+	+
小拟哲水蚤		+		+	+	+
拟长腹剑水蚤		+			+	+
汤氏长足水蚤		+				
墨氏胸刺水蚤						
五角水母				+		
双刺唇角水蚤				+		
多毛类幼体				+		
棘皮动物长腕幼虫				+		
双生水母				+		
棘皮动物耳状幼体				+		
双刺纺锤水蚤					+	
双壳类壳顶幼虫					+	+
锡兰和平水母					+	+
日本角眼剑水蚤					+	+
海蛇尾长腕幼虫		+			+	+
长尾类幼体		+		+	+	+
短尾类幼体		+		+		

3）底栖生物

（1）种类组成

2012—2014 年，庙岛群岛海域所采样品共鉴定出底栖生物 241 种，其中多毛类 98 种，占总种类数的 40.66%；软体动物 71 种，占总种类数的 29.46%；节肢动物 49 种，占总种类数的 20.33%；棘皮动物 10 种，其他 13 种（图 3-19）。

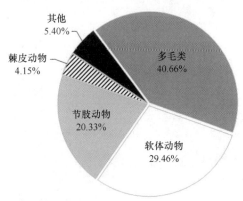

图 3-19　底栖生物种类组成

（2）群落结构

2012—2014 年群岛海域底栖生物细胞密度变化呈逐年上升的趋势，2014 年 8 月底栖生物细胞密度达近 3 年的最高值，平均细胞密度为 2 495 ind./m³，是 2012 年 5 月平均细胞密度的 40 多倍。生物量变化整体呈上升趋势，2014 年底栖生物平均生物量远高于前两年同期水平。

2012—2014 年底栖生物的多样性指数总体呈上升趋势，由 2012 年的 2.6 升高到 2014 年的 4.4，说明庙岛群岛海域的底栖生物种类呈逐年上升趋势，生物多样性越来越高，群落结构更加稳定。优势种年际差异较大，索沙蚕、寡节甘吻沙蚕为常见优势种（图 3-20、表 3-11）。

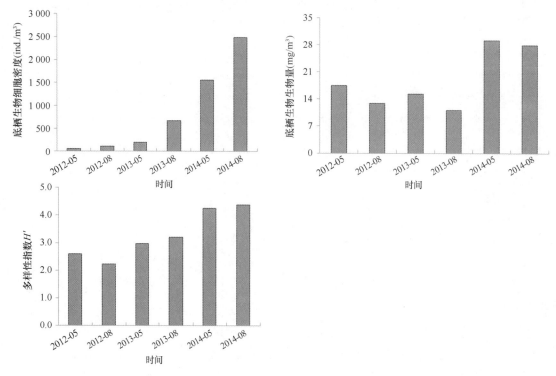

图 3-20　2012—2014 年 5 月和 8 月底栖生物细胞密度、生物量及多样性指数变化

表 3-11　底栖生物优势种类变迁

优势种类	2012 年		2013 年		2014 年	
	5 月	8 月	5 月	8 月	5 月	8 月
齿吻沙蚕	+					
江户明樱蛤	+					
小头虫	+		+			
纽虫		+				
英高虫		+				
索沙蚕			+	+	+	+
寡节甘吻沙蚕			+	+	+	+
长吻沙蚕			+			
日本鳞缘蛇尾				+	+	
欧文虫				+		

续表

优势种类	2012 年		2013 年		2014 年	
	5 月	8 月	5 月	8 月	5 月	8 月
不倒翁虫				+		
东方缝栖蛤				+		
双栉虫					+	+
深沟毛虫					+	
寡鳃齿吻沙蚕					+	+
丝异须虫					∣	+
头吻沙蚕					+	+
曲强真节虫					+	+
深钩毛虫					+	+
钩虾						+
微型小海螂						+
稚齿虫						+
日本长手沙蚕						+

3.1.2.4　鱼卵、仔稚鱼数量变化

2012—2014 年庙岛群岛海域鱼卵细胞密度变化情况如图 3-21，总体细胞密度呈上升趋势，但鱼卵的细胞密度依然较低，即使 2014 年的最高值，均值也仅为 1.7 个/m³。2012 年和 2013 年在庙岛群岛监测海域均未采集到仔稚鱼，而 2014 年所采集的 20 个站位中也仅有 5 个站位采集到仔稚鱼，平均密度仅为 0.05 尾/m³。说明庙岛群岛海域鱼卵、仔稚鱼的含量普遍偏低，这与近年来渔业资源的过度捕捞有着直接的关系。

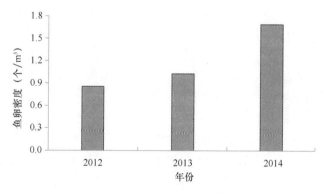

图 3-21　鱼卵密度年际变化

3.1.2.5　生态系统健康评价

由图 3-22、表 3-12 可以得知，2012—2014 年庙岛群岛生态系统健康指数，除 2012 年 5 月与 2013 年 5 月略低外，其余均较为稳定。但所有年份的健康评价指数均小于 75，说明庙岛群岛海域生态系统处于亚健康状态。

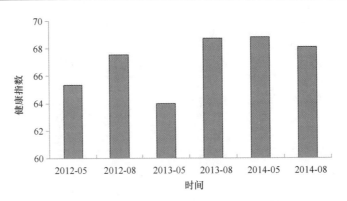

图 3-22 庙岛群岛生态系统健康评价指数

表 3-12 庙岛群岛生态系统健康指数分项评价

时间	健康指数					
	水环境	沉积物	生物群落	栖息地	生物质量	综合健康指数
2012-05	14.5	10.0	15.8	15.0	10.0	65.3
2012-08	13.9	10.0	18.7	15.0	10.0	67.6
2013-05	14.8	10.0	14.2	15.0	10.0	64.0
2013-08	13.9	10.0	19.8	15.0	10.0	68.7
2014-05	14.5	10.0	19.3	15.0	10.0	68.8
2014-08	14.7	10.0	18.4	15.0	10.0	68.1

3.1.3 黄河口

黄河源于青藏高原巴颜喀拉山，干流河道全长 5 464 km，贯穿 9 个省、自治区，分别为青海、四川、甘肃、宁夏、内蒙古、山西、陕西、河南、山东，注入渤海。年径流量 574×10^8 m^3，平均年径流深度 77 mm。黄河是世界上最著名的水少沙多河流，根据历史资料，黄河年均入海泥沙量约 12×10^8 t，但因受上、中游降雨等自然特性变化和人类活动的干扰，黄河维持自身生命的"冲沙水"被大量挤占，平滩流量从 6 000 m^3/s 降到 2 000 m^3/s，特别是近几十年入海水沙通量锐减，甚至发生断流。泥沙淤积致使下游河段平均每年以 10 cm 的速度淤积抬升，形成"地上悬河"，严重地影响着沿河地区的经济发展和人民生命财产安全。"治黄百难，唯沙为首"，水少沙多、水沙不平衡是黄河淤积的根本原因。

调水调沙，是指在现代化技术条件下，利用工程设施和调度手段，通过水流的冲击，将水库的泥沙和河床的淤沙适时送入大海，从而减少库区和河床的淤积，增大主槽的行洪能力，从根本上遏止河床抬高。2002 年 7 月，黄河进行了历史上第一次调水调沙试验，2005 年黄河水利委员会正式宣布黄河调水调沙转入生产应用，作为常规措施固定下来。根据 2010 年实测，黄河下游河道主槽最小过流能力由 2002 年汛前的 1 800 m^3/s 提高到目前的 4 000 m^3/s，小浪底水库最大出库含沙量 288 kg/m^3，排沙比达到 150%。经过实践，黄河水利委员会探索出了适应黄河各种水情、沙情的调度模式，逐渐形成了一套系统的做法。实践证明，调水调沙已经成为处理黄河泥沙的有效措施之一。

黄河是影响莱州湾的主要河流，在莱州湾的西北部入海，每年带来大量的淡水、泥沙以及生源物质。黄河口海域生物资源丰富，是多种经济鱼、虾、蟹、贝类的主要产卵场和索饵场，莱州湾全年都有鱼、虾、蟹、贝产卵，产卵盛期为 5 月下旬到 6 月下旬，在渔业资源繁衍上占有重要地位；黄河口漫长、弯曲、平坦的海岸滩涂，是发展浅海养殖业的优良场所；黄河口及附近海域是重要渔场和海水增养殖区，属于海洋生态环境敏感区，须加以重点保护。相关研究表明，近年来黄河入海径流的减少会导致河口及周边海域温度偏低、盐度偏高，影响初级生产力，且不利于鱼类产卵及幼鱼的存活，影响生物资源的繁衍。

自 2002 年黄河调水调沙实施以来，调水调沙时期成为水沙入海的主要时段，在不足一个月的时间内，将全年超过 1/3 的泥沙输送入海。一方面，短时间内大量淡水、营养盐注入，势必导致黄河口海域生态环境及生物资源短期内发生较大程度的改变；另一方面，调水调沙期间大量陆源污染物随着水沙进入黄河口海域，可能对河口环境产生一定程度的影响。

为评价黄河调水调沙对黄河口及周边海域的影响，保护莱州湾生态环境，维持海洋生物资源的可持续发展，同时为促进蓝色经济的持续、稳定、协调发展提供科学依据，山东省海洋环境监测中心承担了 2010—2014 年黄河调水调沙生态环境影响监测与评价任务，对黄河口及其周边海域进行了调水调沙前（6 月）和调水调沙后（7 月）监测，分析了调水调沙前后黄河口及周边海域生态环境状况。监测站位见图 3-23。

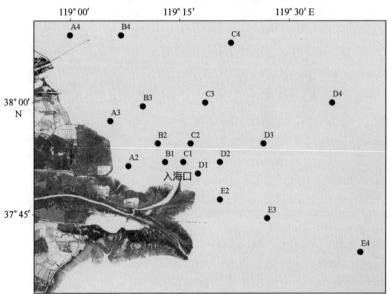

图 3-23　生态环境与生物资源监测站位

3.1.3.1　水环境

1）pH

调水调沙前表层海水 pH 变化范围 8.05~8.48，平均 8.21，2014 年最小，2011 年最大；调水调沙后表层海水 pH 变化范围 8.03~8.32，平均 8.19，2010 年最小，2012 年最大。调水调沙后表层海水 pH 值略低于调水调沙前表层海水 pH，近 5 年表层海水 pH 变化不大。2010—2014 年水质 pH 年平均值变化趋势见图 3-24。

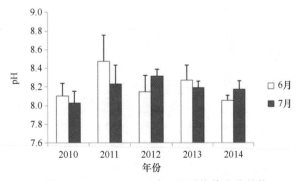

图 3-24　2010—2014 年 pH 平均值变化趋势

2）盐度

调水调沙前表层海水盐度变化范围 26.818~30.743，平均 28.717，2012 年最小，2010 年最大；调水调沙后表层海水盐度变化范围 27.606~29.925，平均 28.835，2014 年最小，2012 年最大。调水调沙后表层海水盐度略高于调水调沙前表层海水盐度，近 5 年表层海水盐度呈现下降趋势。2010—2014 年水质盐度年平均值变化趋势见图 3-25。

3）溶解氧

调水调沙前表层海水溶解氧变化范围 7.78~8.92 mg/L，平均 8.47 mg/L，2010 年最小，2012 年最大；调水调沙后表层海水溶解氧变化范围 7.52~9.32 mg/L，平均 8.32 mg/L，2010 年最小，2012 年最大。调水调沙后表层海水溶解氧低于调水调沙前表层海水溶解氧，近 5 年表层海水溶解氧变化不大。2010—2014 年水质溶解氧年平均值变化趋势见图 3-26。

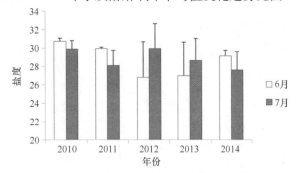

图 3-25 2010—2014 年盐度平均值变化趋势

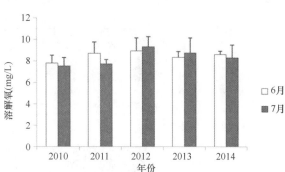

图 3-26 2010—2014 年溶解氧平均值变化趋势

4）化学需氧量

调水调沙前表层海水化学需氧量变化范围 1.29~1.97 mg/L，平均 1.62 mg/L，2010 年最小，2012 年最大；调水调沙后表层海水化学需氧量变化范围 1.40~2.23 mg/L，平均 1.86 mg/L，2011 年最小，2013 年最大。调水调沙后表层海水化学需氧量高于调水调沙前表层海水化学需氧量，近 5 年表层海水化学需氧量呈现上升趋势。2010—2014 年水质化学需氧量年平均值变化趋势见图 3-27。

5）无机氮

调水调沙前表层海水无机氮变化范围 0.367~0.491 mg/L，平均 0.435 mg/L，2011 年最小，2012 年最大；调水调沙后表层海水无机氮变化范围 0.285~0.668 mg/L，平均 0.477 mg/L，2014 年最小，2012 年最大。调水调沙后表层海水无机氮高于调水调沙前表层海水无机氮，近 2 年调水调沙后表层海水无机氮含量明显下降。2010—2014 年水质无机氮年平均值变化趋势见图 3-28。

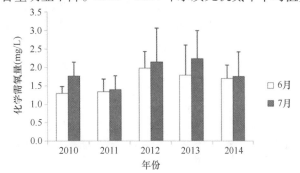

图 3-27 2010—2014 年化学需氧量平均值变化趋势

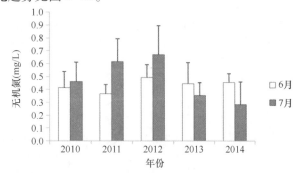

图 3-28 2010—2014 年无机氮平均值变化趋势

6）活性磷酸盐

调水调沙前表层海水活性磷酸盐变化范围 0.003 15~0.014 0 mg/L，平均 0.006 80 mg/L，2014 年最小，2012 年最大；调水调沙后表层海水活性磷酸盐变化范围 0.001 26~0.011 6 mg/L，平均 0.006 49 mg/L，2010 年最小，2012 年最大。调水调沙后表层海水活性磷酸盐略低于调水调沙前表层海水活性磷酸盐，近 3 年表层海水活性磷酸盐含量明显下降。2010—2014 年水质活性磷酸盐年平均值变化趋势见图 3-29。

7）石油类

调水调沙前表层海水石油类变化范围 0.037 7~0.074 0 mg/L，平均 0.053 2 mg/L，2014 年最小，2012 年最大；调水调沙后表层海水石油类变化范围 0.016 5~0.066 2 mg/L，平均 0.037 3 mg/L，2011 年最小，2014 年最大。调水调沙后表层海水石油类低于调水调沙前表层海水石油类，近 5 年表层海水石油类含量变化不大。2010—2014 年水质石油类年平均值变化趋势见图 3-30。

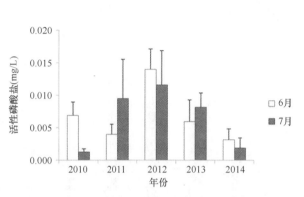

图 3-29　2010—2014 年活性磷酸盐平均值变化趋势

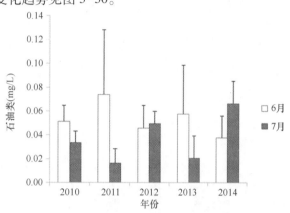

图 3-30　2010—2014 年石油类平均值变化趋势

8）悬浮物

调水调沙前表层海水悬浮物变化范围 8.96~70.6 mg/L，平均 23.6 mg/L，2011 年最小，2010 年最大；调水调沙后表层海水悬浮物变化范围 14.9~55.2 mg/L，平均 31.5 mg/L，2011 年最小，2010 年最大。调水调沙后表层海水悬浮物高于调水调沙前表层海水悬浮物，近 4 年表层海水悬浮物含量逐渐上升。2010—2014 年水质悬浮物年平均值变化趋势见图 3-31。

9）氮磷比值

调水调沙前表层海水氮磷比值变化范围 83.2~559，平均 265，2012 年最小，2014 年最大；调水调沙后表层海水氮磷比值变化范围 101~872，平均 357，2013 年最小，2010 年最大。调水调沙后表层海水氮磷比值高于调水调沙前表层海水氮磷比值，除 2010 年外，近 4 年表层海水氮磷比值有升高趋势。2010—2014 年水质氮磷比值年平均值变化趋势见图 3-32。

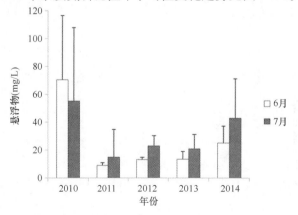

图 3-31　2010—2014 年悬浮物平均值变化趋势

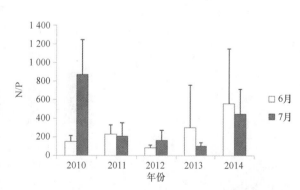

图 3-32　2010—2014 年氮磷比值平均值变化趋势

10）富营养化指数

调水调沙前表层海水富营养化指数变化范围 0.430~2.98，平均 1.86，2011 年最小，2012 年最大；调水调沙后表层海水富营养化指数变化范围 0.219~3.77，平均 1.53，2010 年最小，2012 年最大。调水调沙后表层海水富营养化指数低于调水调沙前表层海水富营养化指数，近 3 年表层海水富营养化指数明显下降。2010—2014 年水质富营养化指数年平均值变化趋势见图 3-33。

11）有机污染指数

调水调沙前表层海水有机污染指数变化范围 1.32~2.89，平均 2.03，2011 年最小，2012 年最大；调水调沙后表层海水有机污染指数变化范围 1.05~3.63，平均 2.35，2014 年最小，2012 年最大。调水调沙后表层海水有机污染指数低于调水调沙前表层海水有机污染指数，近 3 年表层海水有机污染指数明显下降。2010—2014 年水质有机污染指数年平均值变化趋势见图 3-34。

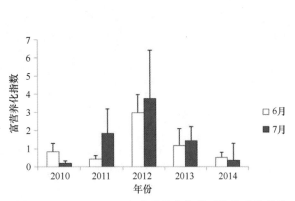

图 3-33　2010—2014 年富营养化指数平均值变化趋势

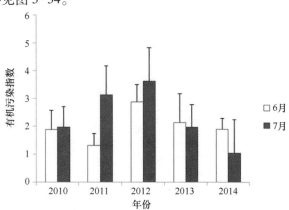

图 3-34　2010—2014 年有机污染指数平均值变化趋势

3.1.3.2　沉积环境

1）硫化物

调水调沙前沉积物硫化物变化范围 $13.0×10^{-6}~90.9×10^{-6}$，平均 $48.5×10^{-6}$，2014 年最小，2011 年最大；调水调沙后沉积物硫化物变化范围 $34.4×10^{-6}~62.7×10^{-6}$，平均 $45.7×10^{-6}$，2012 年最小，2013 年最大。调水调沙后沉积物硫化物低于调水调沙前沉积物硫化物，近 5 年沉积物硫化物含量变化不大。2010—2014 年沉积物硫化物年平均值变化趋势见图 3-35。

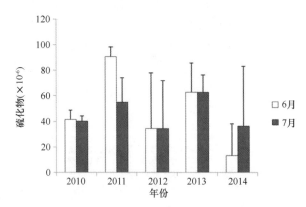

图 3-35　2010—2014 年沉积物硫化物平均值变化趋势

2）有机碳

调水调沙前沉积物有机碳变化范围 0.309%~0.381%，平均 0.330%，2014 年最小，2013 年最大；调水调沙后沉积物有机碳变化范围 0.263%~0.406%，平均 0.327%，2014 年最小，2013 年最大。调水调沙后沉积物有机碳略低于调水调沙前沉积物有机碳，近 5 年沉积物有机碳含量变化不大。2010—2014 年沉积物有机碳年平均值变化趋势见图 3-36。

3）石油类

调水调沙前沉积物石油类变化范围 $29.6 \times 10^{-6} \sim 69.3 \times 10^{-6}$，平均 44.5×10^{-6}，2012 年最小，2014 年最大；调水调沙后沉积物石油类变化范围 $40.7 \times 10^{-6} \sim 56.7 \times 10^{-6}$，平均 50.2×10^{-6}，2013 年最小，2014 年最大。调水调沙后沉积物石油类高于调水调沙前沉积物石油类，近 5 年沉积物石油类含量变化不大。2010—2014 年沉积物石油类年平均值变化趋势见图 3-37。

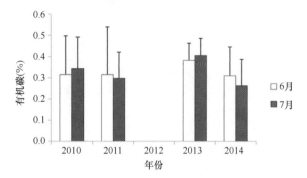

图 3-36　2010—2014 年沉积物有机碳平均值变化趋势

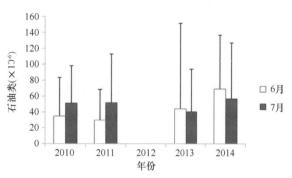

图 3-37　2010—2014 年沉积物石油类平均值变化趋势

3.1.3.3　生物群落

1）叶绿素

调水调沙前表层海水叶绿素变化范围 $1.92 \sim 4.42$ mg/L，平均 3.19 mg/L，2010 年最小，2011 年最大；调水调沙后表层海水叶绿素变化范围 $1.88 \sim 4.59$ mg/L，平均 3.24 mg/L，2014 年最小，2010 年最大。调水调沙后表层海水叶绿素略高于调水调沙前表层海水叶绿素，近 5 年表层海水叶绿素含量有下降趋势。2010—2014 年水质叶绿素年平均值变化趋势见图 3-38。

2）浮游植物

（1）种类数

调水调沙前浮游植物种类数变化范围 $26 \sim 46$ 种，平均 34 种，2011 年最小，2012 年最大；调水调沙后浮游植物种类数变化范围 $27 \sim 37$ 种，平均 32 种，2013 年最小，2011 年最大。调水调沙后浮游植物种类数略低于调水调沙前浮游植物种类数，近 5 年浮游植物种类数变化不大。2010—2014 年浮游植物种类数变化趋势见图 3-39。

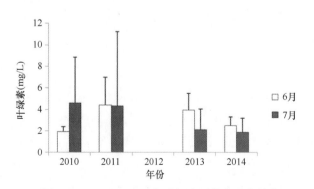

图 3-38　2010—2014 年叶绿素平均值变化趋势

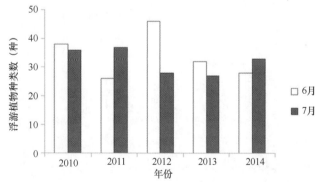

图 3-39　2010—2014 年浮游植物种类数变化趋势

（2）密度

调水调沙前浮游植物密度变化范围 $4.14 \times 10^4 \sim 67.3 \times 10^4$ 个/m³，平均 31.7×10^4 个/m³，2014 年最小，2011 年最大；调水调沙后浮游植物密度变化范围 $1.78 \times 10^4 \sim 52.3 \times 10^4$ 个/m³，平均 18.1×10^4 个/m³，2013 年最小，2011 年最大。调水调沙后浮游植物密度低于调水调沙前浮游植物密度，近 4 年浮游植物密度明显下降。2010—2014 年浮游植物密度变化趋势见图 3-40。

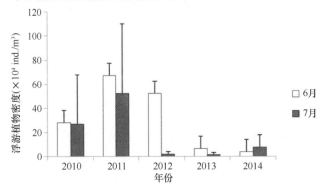

图 3-40　2010—2014 年浮游植物密度变化趋势

（3）多样性指数

调水调沙前浮游植物多样性指数变化范围 1.45~2.48，平均 2.02，2011 年最小，2010 年最大；调水调沙后浮游植物多样性指数变化范围 1.55~2.28，平均 1.85，2011 年最小，2010 年最大。调水调沙后浮游植物多样性指数低于调水调沙前浮游植物多样性指数，近 5 年浮游植物多样性指数变化不大。2010—2014 年浮游植物多样性指数变化趋势见图 3-41。

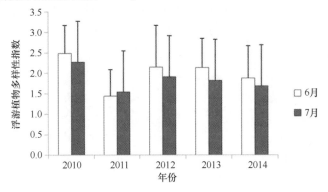

图 3-41　2010—2014 年浮游植物多样性指数变化趋势

3）浮游动物

（1）种类数

调水调沙前浮游动物种类数变化范围 28~41 种，平均 35 种，2011 年最小，2012 年最大；调水调沙后浮游动物种类数变化范围 24~41 种，平均 34 种，2011 年最小，2014 年最大。调水调沙后浮游动物种类数略低于调水调沙前浮游动物种类数，近 5 年浮游动物种类数变化不大。2010—2014 年浮游动物种类数变化趋势见图 3-42。

（2）密度

调水调沙前浮游动物密度变化范围 126.9~621.2 个/m³，平均 371.1 个/m³，2011 年最小，2012 年最大；调水调沙后浮游动物密度变化范围 57.2~290.7 个/m³，平均 177.3 个/m³，2012 年最小，2011 年最大。调水调沙后浮游动物密度低于调水调沙前浮游动物密度，近 4 年浮游动物密度呈现下降趋势。2010—

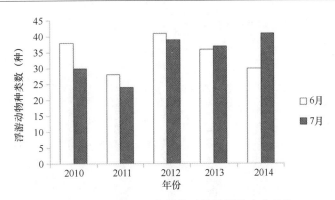

图 3-42 2010—2014 年浮游动物种类数变化趋势

2014 年浮游动物密度变化趋势见图 3-43。

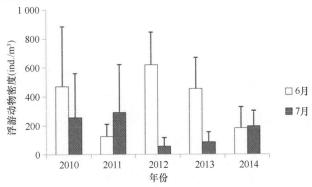

图 3-43 2010—2014 年浮游动物密度变化趋势

（3）生物量

调水调沙前浮游动物生物量变化范围 69.9~567.3 mg/m³，平均 218.2 mg/m³，2013 年最小，2010 年最大；调水调沙后浮游动物生物量变化范围 47.2~754.0 mg/m³，平均 275.2 mg/m³，2013 年最小，2011 年最大。调水调沙后浮游动物生物量高于调水调沙前浮游动物生物量，近 4 年浮游动物生物量明显下降。2010—2014 年浮游动物生物量变化趋势见图 3-44。

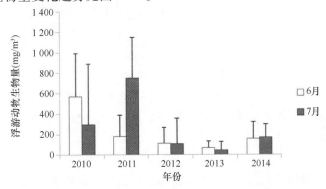

图 3-44 2010—2014 年浮游动物生物量变化趋势

（4）多样性指数

调水调沙前浮游动物多样性指数变化范围 1.65~2.37，平均 1.97，2010 年最小，2014 年最大；调水调沙后浮游动物多样性指数变化范围 1.77~2.86，平均 2.35，2010 年最小，2014 年最大。调水调沙后浮游动物多样性指数高于调水调沙前浮游动物多样性指数，近 4 年浮游动物多样性指数呈现上升趋势。2010—2014 年浮游动物多样性指数变化趋势见图 3-45。

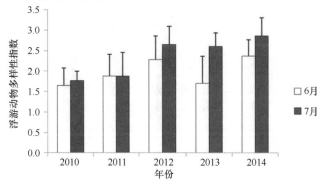

图 3-45　2010—2014 年浮游动物多样性指数变化趋势

4）底栖生物

（1）种类数

调水调沙前底栖生物种类数变化范围 67~86 种，平均 73 种，2012 年最小，2014 年最大；调水调沙后底栖生物种类数变化范围 67~85 种，平均 76 种，2014 年最小，2013 年最大。调水调沙后底栖生物种类数略高于调水调沙前底栖生物种类数，近 5 年底栖生物种类数变化不大。2010—2014 年底栖生物种类数变化趋势见图 3-46。

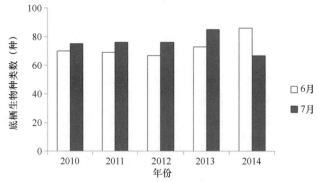

图 3-46　2010—2014 年底栖生物种类数变化趋势

（2）密度

调水调沙前底栖生物密度变化范围 240.6~1 331.6 个/m²，平均 531.5 个/m²，2013 年最小，2010 年最大；调水调沙后底栖生物密度变化范围 196.2~8 125.4 个/m²，平均 3 149.0 个/m²，2014 年最小，2011 年最大。调水调沙后底栖生物密度高于调水调沙前底栖生物密度，近 4 年底栖生物密度明显下降。2010—2014 年底栖生物密度变化趋势见图 3-47。

（3）生物量

调水调沙前底栖生物生物量变化范围 2.03~24.8 g/m²，平均 9.91 g/m²，2012 年最小，2010 年最大；调水调沙后底栖生物生物量变化范围 3.35~12.1 g/m²，平均 6.27 g/m²，2014 年最小，2010 年最大。调水调沙后底栖生物生物量低于调水调沙前底栖生物生物量。除 2010 年外，近 4 年底栖生物生物量变化不大。2010—2014 年底栖生物生物量变化趋势见图 3-48。

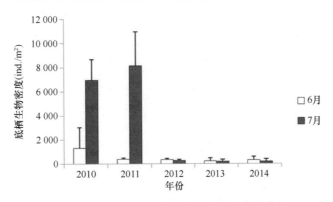

图 3-47　2010—2014 年底栖生物密度变化趋势

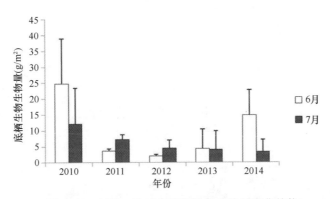

图 3-48　2010—2014 年底栖生物生物量变化趋势

（4）多样性指数

调水调沙前底栖生物多样性指数变化范围 1.18～3.30，平均 2.40，2010 年最小，2014 年最大；调水调沙后底栖生物多样性指数变化范围 1.24～3.27，平均 2.39，2010 年最小，2013 年最大。调水调沙前后底栖生物多样性指数变化不大，近 5 年底栖生物多样性指数呈现上升趋势。2010—2014 年底栖生物多样性指数变化趋势见图 3-49。

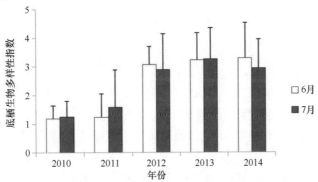

图 3-49　2010—2014 年底栖生物多样性指数变化趋势

3.1.3.4　鱼卵、仔稚鱼数量变化

调水调沙前鱼卵、仔稚鱼数量变化范围 240.6～1 331.6 个/m²，平均 531.5 个/m²，2013 年最小，2010 年最大；调水调沙后鱼卵、仔稚鱼数量变化范围 196.2～8 125.4 个/m²，平均 3 149.0 个/m²，2014 年最小，2011 年最大。调水调沙后鱼卵、仔稚鱼数量高于调水调沙前鱼卵、仔稚鱼数量，近 4 年鱼卵、

仔稚鱼数量明显下降。2010—2014 年鱼卵及仔稚鱼数量变化趋势见图 3-50。

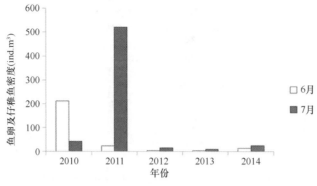

图 3-50 2010—2014 年鱼卵及仔稚鱼数量变化趋势

3.1.3.5 生态系统健康评价

调水调沙前生态系统健康状况变化范围 36.9~47.4，平均 41.0，2012 年最小，2010 年最大；调水调沙后生态系统健康状况变化范围 34.8~43.5，平均 39.8，2012 年最小，2011 年最大。调水调沙前后生态系统健康状况变化不大，近 5 年生态系统健康状况均处于亚健康状态。2010—2014 年生态系统健康状况变化趋势见图 3-51。

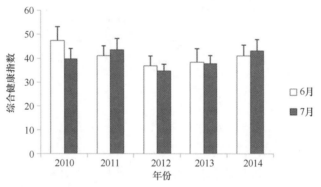

图 3-51 2010—2014 年综合健康指数变化趋势

3.1.3.6 存在的问题及建议

1）存在的问题

（1）氮磷比值、E 值和 A 值较高，部分海区受到轻度污染

氮磷比值的升高对海水富营养化起决定性作用。近 5 年监测结果表明海水富营养化和有机污染较严重。根据文献资料及近年生态调查资料显示，莱州湾海水中氮磷比值近 30 年呈总体显著向上的趋势，近 5 年也一直处于较高水平。

浮游植物按照一定的比例吸收营养盐，研究认为氮磷摩尔比为 16∶1，这个比值一般可用来评价现场水域的氮限制或磷限制状况。目前，随着经济的快速发展和人们生活水平的提高，每年大量的生活污水、工业废水排放入海，污水来源广，成分复杂，且含有大量的有机物，成为海域受到有机污染及引起无机氮浓度升高的原因之一，导致海洋环境富营养化，使得营养盐结构平衡被破坏，生态环境逐渐恶化，造成浮游植物群落结构的变化和藻种的演替现象，使得初级生产力下降。

（2）鱼类产卵数量偏低，鱼类资源衰退明显

近 5 年鱼卵、仔稚鱼数量明显下降，从 2012 年起，鱼卵、仔稚鱼数量一直处于较低水平。根据历史

资料，6 月为监测海域产卵盛期，鱼卵、仔稚鱼密度最高。而鱼卵、仔稚鱼的降低可能不仅与调水调沙带来大量悬浮物、淡水等物质有关，还可能与调水调沙期间水质富营养化和有机污染严重有一定的关系。

2）建议

（1）开展长期监测

河口区受到人类活动和自然界的双重影响，是生态系统的脆弱环节。调水调沙每次带来大量陆源污染物，对黄河口生态环境产生了严重影响，特别是河口区域处直接受河水冲击，陆源污染严重，生态环境复杂多变，而远离河口处的海域生态环境较为稳定，所以建议开展长期监测，摸清污染源，探索调水调沙作用规律，长期、系统地研究调水调沙对河口区域带来的影响，使黄河调水调沙工程更加科学、有效地实施。

（2）调整黄河调水调沙时间

根据历史上莱州湾低盐区分布范围以及目前低盐区分布范围（国家海洋局北海分局监测数据），并结合目前黄河实际径流量以及主要经济生物的产卵季节分布特征，测算不同月份莱州湾所需最小低盐区面积：5 月、6 月是莱州湾最重要的产卵季节，应保证至少 500 km² 的低盐水体面积提供重要经济生物产卵场所；7 月、8 月是最重要的幼鱼索饵季节，幼鱼需要分散索饵，这一时期分别需要保证 1 000 km²（7 月）和 500 km²（8 月）的低盐水体面积提供幼鱼庇护场、索饵场；其他季节则需要维持 100~200 km² 的低盐水体面积以供秋、冬季产卵种类产卵以及其他河口生物存活（保障生物多样性和饵料生物繁衍）。结合历年黄河调水调沙监测结果发现，黄河淡水进入莱州湾之后，河口低盐区鱼卵、幼鱼数量增加量可达 10 倍以上，远高于盐度值较高的邻近海域，这说明调水调沙带来的冲淡水扩大了低盐区面积范围，鱼卵、幼鱼数量增加，对渔业资源的补充具有积极意义，如果将调水调沙时间提前至 5 月上旬，避开产卵盛期同时增加低盐区面积，可能会更好地发挥黄河口海域产卵索饵场功能。

（3）减少陆源污染，加强生态保护工作

建议进一步加强黄河口海域生态保护工作，大力发展滨海湿地人工海草场（海藻场）建设，加强公益性人工鱼礁建设，同时加大对生态修复起重要作用的关键种类增殖放流力度，以保护海洋生物资源可持续发展。由于海洋生物资源的游动特征，各区域海洋生物资源有机联系在一起，修复其他区域海洋生物资源的同时能降低调水调沙带来的负面影响。向社会广泛宣传养护黄河水生生物资源，保护生物多样性的重要性，减少黄河有害污染，从而从根本上减少调水调沙带来的有害污染物。

3.2　海水增养殖区

3.2.1　增养殖区概况

海水增养殖是海洋渔业的重要组成部分，在山东省渔业经济中占有举足轻重的地位。《2013 中国渔业统计年鉴》显示，2012 年山东省海水养殖面积 51×10⁴ hm² 余，养殖产量 413×10⁴ t 余，分别占全国的 24.3% 及 26.7%，为我国海水养殖渔业最大的省份。山东省海水增养殖方式主要包括池塘养殖、底播养殖、筏式养殖、网箱养殖及工厂化养殖等。

根据养殖方式及环境条件的不同把山东省海水增养殖区划分为几个大区，分别为黄河三角洲养殖区、莱州湾南部养殖区、烟威北部养殖区、烟威东部养殖区、烟威南部养殖区、山东南部养殖区。

3.2.1.1　黄河三角洲养殖区

位于漳卫新河至小清河口之间，包括滨州及东营养殖区。该区为平原海岸，潮滩广阔且平坦，潮间带宽最大可至 10 km 以上；海底地形平坦，水深较浅、变化较均匀。以池塘（盐田）养殖、潮间带和潮下带的底播养殖为主,工厂化养殖较少;池塘养殖多分布于潮上带或潮间带,养殖种类主要有对虾类、海参、梭子蟹、蛤仔及卤虫等,多为人工肥水或少量投饵的半精养方式;底播养殖区分布于潮间带或潮下带,养殖品种主要有四角蛤蜊、菲律宾蛤仔、文蛤及蛏类、泥螺等。

3.2.1.2 莱州湾南部养殖区

小清河口至莱州虎头崖之间海域,包括潍坊及烟台部分养殖区。该区岸滩组成以粉砂为主,岸滩宽度4~6 km,窄于黄河三角洲养殖区,主要养殖方式为底播养殖、池塘养殖、工厂化养殖及少量筏式养殖。底播养殖品种主要为菲律宾蛤仔、蛏类、毛蚶及泥螺等,工厂化养殖品种为鲆鲽类等,池塘养殖品种主要为对虾、梭子蟹、海参及卤虫等,筏式养殖品种为海湾扇贝。

3.2.1.3 烟威北部养殖区

位于莱州虎头崖至荣成人和镇之间海域,包括烟台及威海的大部分养殖区。近岸多为礁石或砂砾,随着水深增加,底质粒度变细,以粉砂为主。岸滩狭窄,水深,坡度变化大。以筏式养殖、底播养殖及工厂化养殖为主,养殖主要品种为扇贝、海带、牡蛎、海参、鲍鱼、裙带菜及鲆鲽鱼类等。

3.2.1.4 烟威南部养殖区

靖海湾至丁字湾之间海域,包括了文登、乳山、海阳及莱阳养殖区。该区主要养殖方式为底播养殖、筏式养殖、池塘养殖及工厂化养殖,养殖主要品种有蛤仔、牡蛎、虾蟹及鲆鲽鱼类等。

3.2.1.5 半岛南部养殖区

青岛至日照一带海域。近岸以砂砾为主,兼有少量岩礁分布,水稍深处,以细砂分布为主。养殖方式为筏式养殖、底播养殖、池塘养殖及工厂化养殖,养殖品种主要有牡蛎、扇贝、贻贝、虾蟹及鱼类等。

目前,已开展监测的海水增养殖区分布及养殖情况见图3-52及表3-13。

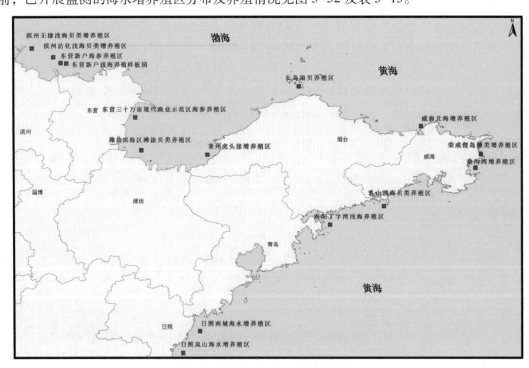

图3-52 2014年山东省海水增养殖区监测分布

表 3-13　2014 年山东省海水增养殖区概况

序号	养殖区名称	主要养殖生物	主要养殖方式	养殖面积（hm²）
1	滨州无棣浅海贝类增养殖区	文蛤、玉螺	底播增殖	12 670
2	滨州沾化浅海贝类增养殖区	四角蛤蜊、文蛤	底播增殖	10 666
3	东营新户浅海养殖样板园	四角蛤蜊、文蛤	底播增殖	17 333
4	潍坊滨海区滩涂贝类养殖区	菲律宾蛤仔、四角蛤蜊	底播增殖	6 400
5	莱州虎头崖增养殖区	海湾扇贝	筏式养殖	15 532
6	长岛扇贝养殖区	栉孔扇贝	筏式养殖	3 000
7	烟台四十里湾养殖区	海参	底播增殖	–
8	威海北海增养殖区	栉孔扇贝、海湾扇贝	筏式养殖	1 225
9	荣成俚岛藻类增养殖区	海带、牡蛎	筏式养殖	559
10	桑沟湾增养殖区	海带、牡蛎	筏式养殖	16 320
11	乳山浅海贝类养殖区	牡蛎	筏式养殖	2 667
12	海阳丁字湾浅海养殖区	中国蛤蜊、菲律宾蛤仔	底播增殖	3 949
13	日照两城海水增养殖区	贻贝	筏式养殖	8 000
14	日照岚山海水增养殖区	栉孔扇贝	筏式养殖	2 300
15	东营新户海参养殖区	刺参	池塘养殖	167
16	东营30万亩现代渔业示范区海参池塘养殖区	刺参、三疣梭子蟹	池塘养殖	13 333

3.2.2　海水环境

3.2.2.1　盐度

1）区域分布

增养殖区一般位于近岸水域，影响其盐度分布和变化的因素很多，主要影响因子包括入海径流、降水、海面蒸发和海水混合等。5—10 月，山东省海水增养殖区的盐度范围为 21.192 ~ 32.354。不同养殖区间盐度分布存在明显差异，总体呈现西部区域低于东部及南部的趋势；平均盐度低于 30 的 5 个养殖区均出现于莱州湾、渤海湾水域，尤以莱州湾湾底的潍坊滨海增养殖区最低，该区域全年盐度平均值仅为26.541，次低值为莱州虎头崖区域，平均值为 28.199；黄海水域养殖区的盐度年平均值为 30.063 ~31.483。各增养殖区盐度年平均值见图 3-53，其盐度空间分布特征与养殖品种适宜盐度相适应，山东西部海域以养殖广盐性帘蛤科贝类为主，而狭盐性扇贝、海带及海参等多养殖于山东东部海域。

2）时间变化

（1）季节变化

春季及夏季，由于融冰及降水使入海淡水增加，且由于入海淡水的不平衡，各养殖区盐度变化不尽相同。各养殖区盐度季节变化见图 3-54。受养殖区附近黄河、小清河、虞河等的影响，潍坊滨海、东营新户等养殖区季节变化明显，5 月及 8 月为盐度最低季节，7 月、10 月盐度则相对较高。如潍坊滨海养殖区 5 月、7 月、8 月及 10 月的盐度均值分别为 23.341、28.965、24.905 及 28.951。滨州无棣浅海贝类养殖区因水浅、滩缓，夏季蒸发量大，7 月、8 月盐度反而呈现升高趋势。莱州虎头崖养殖区受莱州湾沿岸流影响，5 月盐度为 27.249，低于其余月份。山东东南部养殖区则无明显季节变化。2014 年山东省海水增养殖区盐度见表 3-14。

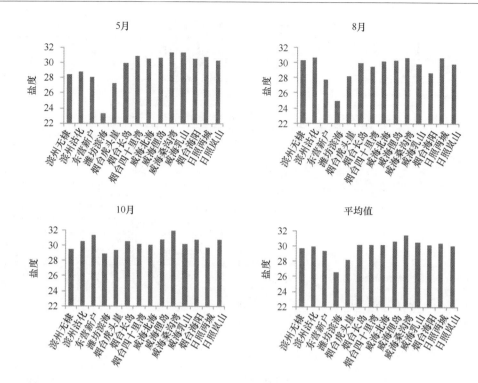

图 3-53　海水增养殖区盐度区域分布

表 3-14　不同月份海水增养殖区盐度

增养殖区	5 月	7 月	8 月	10 月
滨州无棣	28.425	30.492	30.264	29.505
滨州沾化	28.775	30.083	30.593	30.538
东营新户	28.120	30.271	27.700	31.324
潍坊滨海	23.341	28.965	24.905	28.951
烟台虎头崖	27.249	27.980	28.243	29.325
烟台长岛	29.940	30.153	29.892	30.529
烟台四十里湾	30.853	30.249	29.471	30.214
威海北海	30.506	30.111	30.120	30.050
俚岛湾	30.630	30.675	30.294	30.783
桑沟湾	31.359	32.004	30.676	31.893
乳山	31.290	30.760	29.820	30.130
海阳丁字湾	30.552	30.708	28.635	30.721
日照两城	30.715	30.605	30.650	29.668
日照岚山	30.241	29.511	29.790	30.708

（2）年际变化

　　盐度年变幅值渤海养殖区大于黄海（图 3-55），如烟台四十里湾及日照两城养殖区年际变化很小，年均值范围为 29.955～30.864；而东营、滨州及潍坊一带则变幅较明显，年均值范围滨州—东营为 23.347～30.864；莱州湾湾底的潍坊滨海养殖区除 2010 年盐度稍高外，2011—2014 年，年均值为 23.145～24.123，一直处于较低水平。

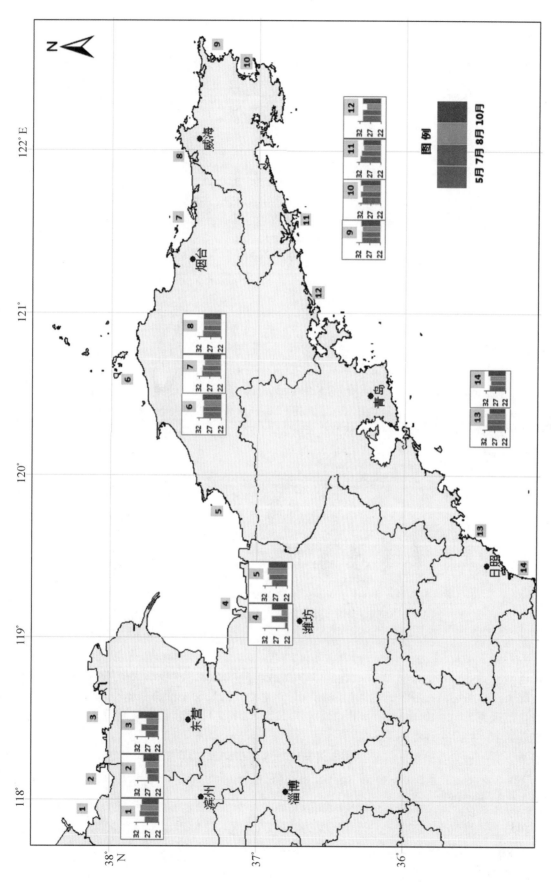

图3-54　山东省海水增养殖区盐度季节变化

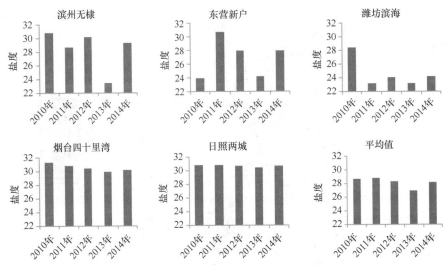

图 3-55　海水增养殖区盐度年际变化

3.2.2.2　溶解氧

1）区域分布

海水中溶解氧主要来源于大气中氧的溶解，其次是海洋植物进行光合作用时所产生的氧；海水中溶解氧主要消耗于海洋生物的呼吸作用和有机质降解。2014 年，山东省 14 个浅海增养殖区溶解氧监测值范围为 5.06~13.51 mg/L，所有站次均符合二类海水水质标准，其中 97% 的站次大于一类海水水质标准值 6 mg/L。

表层溶解氧与底层基本相等，夏季有的海区底层略低于表层；2014 年威海北海及俚岛养殖区表层及底层溶解氧见图 3-56。

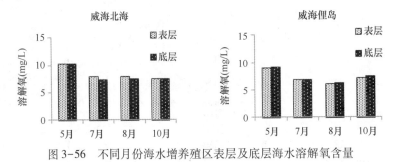

图 3-56　不同月份海水增养殖区表层及底层海水溶解氧含量

2）时间变化

增养殖区溶解氧季节分布见图 3-57。各月份溶解氧含量变化较大，海水中溶解氧随水温的变化而变化，一般情况下，水温越高，溶解氧越低；溶解氧的分布趋势是夏季小于春、秋季；8 月为溶解氧最低月份，站位变化范围为 5.52~10.0 mg/L，平均值为 7.12 mg/L；5 月为溶解氧最高月份，站位变化范围为 5.06~13.51 mg/L，平均值为 8.58 mg/L。

高温季节，有的水域会出现低氧区，如滨州无棣滩涂贝类增养殖区 2012 年及 2013 年 8 月的溶解氧范围分别为 3.12~6.40 mg/L 及 2.80~6.56 mg/L，平均值分别为 5.30 mg/L 及 4.56 mg/L，部分站位溶解氧含量为劣四类海水水质标准。

3.2.2.3　pH

1）区域分布

2014 年，山东省浅海养殖区的 pH 监测值范围为 7.35~8.39，平均值为 8.10；符合二类海水水质标准

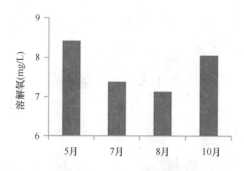

图 3-57　不同月份海水增养殖区溶解氧平均含量

的站次比例 97%，超标原因均为 pH 偏低。最严重超标区域为潍坊滨海贝类养殖区，该区域 pH 平均值为 7.78，低于二类海水水质标准值的站次比例为 39.3%，对全省浅海养殖区 pH 超标的贡献率为 57.9%；其次是乳山贝类养殖区，pH 平均值为 7.94，站次超标率为 14.3%，占全省超标站次的 42.1%，其他养殖区则完全符合二类海水水质标准。各浅海养殖区的 pH 平均值见图 3-58。

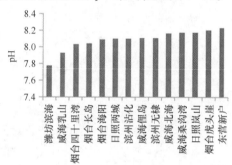

图 3-58　海水增养殖区 pH 值区域分布

2）时间变化

2014 年 pH 监测值范围为：5 月 7.35～8.38、7 月 7.74～8.36、8 月 7.38～8.37、10 月 7.75～8.39，各月份符合二类海水水质标准的站次比例分别为 94%、99%、94% 及 99%。以山东省浅海养殖区监测结果统计，各监测月份 pH 最小值、最大值及平均值见图 3-59，pH 最大值波动范围为 8.36～8.39，平均值为 8.07～8.13，基本无季节变化；最小值波动范围为 7.35～7.75，5 月、8 月明显低于 7 月及 10 月。季节变化最大的区域为潍坊滨海贝类养殖区及乳山贝类养殖区，其他区域季节变化较小（图 3-60）。

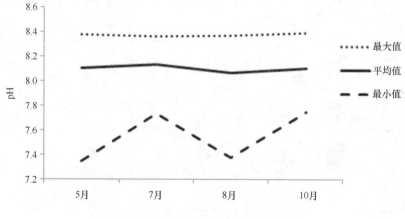

图 3-59　海水增养殖区 pH 值季节变化

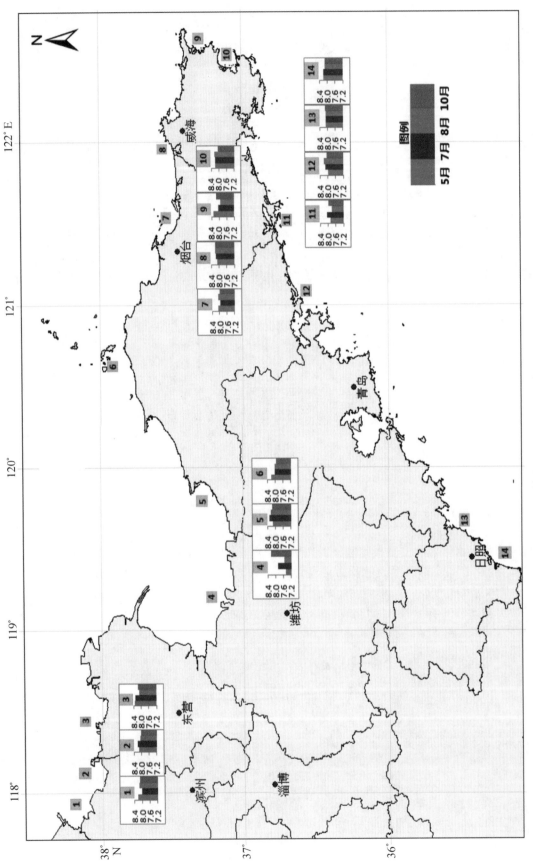

图3-60　山东省海水增养殖区pH季节变化

图 3-61 展示了不同养殖区 pH 的年际变化。自 2010 年以来，山东渤海湾养殖区 pH 呈逐年上升趋势（如滨州无棣及东营新户）；莱州湾南部养殖区 pH 呈波浪式下降态势，近 5 年均值变化范围为 7.47 ~ 8.22，变化幅度 0.73（如潍坊滨海）；山东黄海海域养殖区 pH 年际变化不明显（如烟台四十里湾及日照两城）。

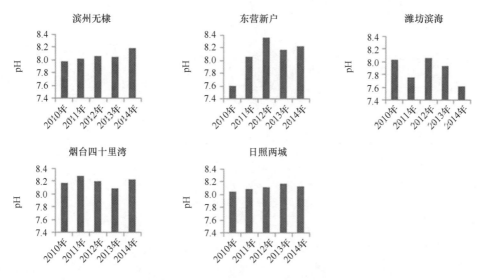

图 3-61 海水增养殖区 pH 值年际变化

3.2.2.4 化学需氧量

1）区域分布

2014 年，山东省海水增养殖区化学需氧量监测值范围为 0.064 0 ~ 5.9 mg/L，平均值为 1.29 mg/L；监测值在不同数值段的分布见图 3-62，符合一类（2 mg/L）及二类海水水质标准（3 mg/L）的站次分别为 87% 及 98%，2% 的站次超二类海水水质标准。化学需氧量最高值出现于 10 月的烟台四十里湾，该区域邻近城市污水处理厂排污口。

各养殖区化学需氧量年平均值见图 3-63，渤海湾、莱州湾（莱州虎头崖以西）海水中化学需氧量明显高于半岛北部及南部水域；从全年监测值看，化学需氧量以莱州虎头崖最高，96.8% 的站次化学需氧量大于 2 mg/L，潍坊滨海养殖区次之，53.6% 站次化学需氧量大于 2 mg/L，无棣至东营新户一带的黄河三角洲养殖区大于 2 mg/L 的站次比例为 26.5%，烟威北部四十里湾、南部的乳山—海阳养殖区大于 2 mg/L 的站次比例分别为 25.0% 及 3.1%，其余养殖区（长岛、威海北海至桑沟湾、日照）没有站次大于 2 mg/L。

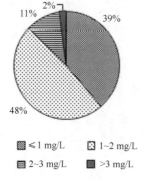

图 3-62 化学需氧量监测值的频率分布

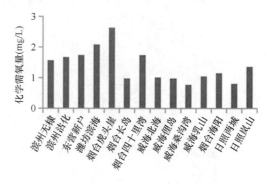

图 3-63 化学需氧量区域分布

2）时间变化

化学需氧量年变化见图3-64。根据5月、8月监测值统计，多数山东海水增养殖区海水中化学需氧量呈平稳态势，如滨州无棣、烟台四十里湾及日照两城养殖区；潍坊滨海及东营新户等化学需氧量背景值较高区域则呈逐年下降趋势。

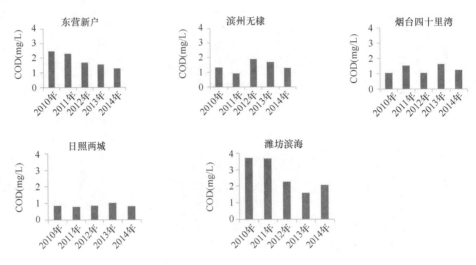

图3-64　海水增养殖区化学需氧量年际变化

3.2.2.5　无机氮

1）区域分布

2014年，山东浅海增养殖区无机氮变化范围为0.008 78~4.040 mg/L，平均值为0.277 mg/L，其中小于等于一类海水水质标准值的站次比例占55%，符合二类水质标准的站次比例占79%，11%的站次劣于四类海水水质标准（图3-65）。

莱州湾、渤海湾养殖区的无机氮含量普遍高于烟威及日照养殖区，其中尤以潍坊滨海养殖区无机氮含量最高（图3-66）。潍坊滨海贝类养殖区无机氮含量范围为0.181~4.040 mg/L，平均值为1.724 mg/L，86%的站次无机氮为劣四类水质标准（0.4 mg/L），远远高于二类海水水质标准要求；无棣、沾化、东营及莱州虎头崖养殖区的无机氮年均含量分别为0.317 mg/L、0.302 mg/L、0.333 mg/L及0.298 mg/L；分布于黄海近岸的养殖区除海阳丁字湾及烟台四十里湾水域年均值较高，分别为0.293 mg/L和0.246 mg/L外，其他6个养殖区均较低，年均值为0.125~0.177 mg/L。

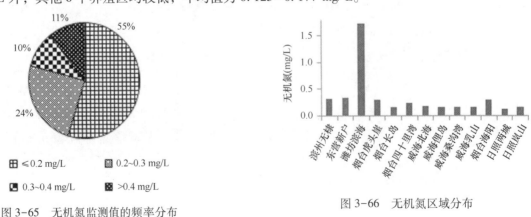

图3-65　无机氮监测值的频率分布

图3-66　无机氮区域分布

2）时间变化

（1）季节变化

海水中无机氮为硝酸盐、亚硝酸盐及铵盐之和，为决定海中初级生产力的基本要素之一，其多寡是陆源输入和海洋生物吸收转化的结果，其含量反映了陆源输入的强度和海洋植物活动状况。山东海水增养殖区无机氮含量季节变化趋势总体状况是 7 月较低，其他 3 个月基本相等，但各养殖区变化不尽相同（图 3-67）。潍坊滨海养殖区季节变化最明显，8 月最高，平均 3.009 mg/L，7 月最低，平均 0.424 mg/L；两个月份的变化幅度高达 2.585 mg/L；潍坊滨海养殖区的无机氮含量与相邻养殖区（烟台虎头崖、东营新户）差距明显，且季节变化幅度极大，说明该养殖区无机氮的异常升高非海流、降雨及生物分解所致，最主要影响因素应为本区域内存在着大量陆源污染输入。荣成桑沟湾具有大量筏式养殖扇贝或海带，区域内营养盐补充不足及 7 月、8 月生物生长旺盛，导致该时间段无机氮含量偏低。滨州无棣及烟台四十里湾，一是因为滩涂贝类养殖方式，二是因为城市总体规划，养殖规模大幅降低，且区域内又有城市污水汇入，无机氮含量全年均处于高位波动。

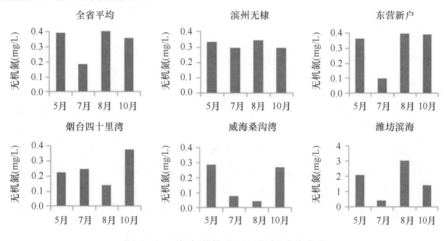

图 3-67　海水增养殖区无机氮季节变化

（2）年际变化

根据 5 月及 8 月监测结果统计，近 5 年无机氮年度变化见图 3-68。山东渤海段及半岛北部烟台近海

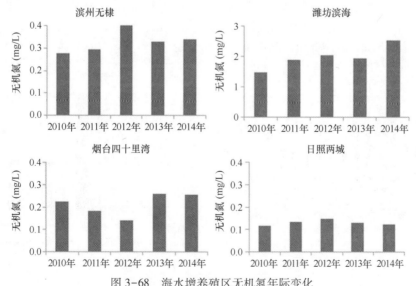

图 3-68　海水增养殖区无机氮年际变化

增养殖区无机氮含量呈波浪式上升趋势，半岛东部及南部日照近海无机氮含量较稳定，无明显变化。其中潍坊滨海区域上升幅度较大，2010 年为 1.478 mg/L，2014 年上升至 2.529 mg/L；日照两城养殖区无机氮含量年均值范围为 0.115~0.148 mg/L，变化幅度为 0.033 mg/L。

3.2.2.6 磷酸盐

1）区域分布

海水中磷酸盐主要来源于陆源径流及海洋生物死亡分解，消耗于海洋植物吸收。2014 年，山东浅海增养殖区活性磷酸盐变化范围为未检出至 0.092 0 mg/L，平均值 0.009 06 mg/L。小于一类海水水质标准值（0.015 mg/L）的站次占 82.6%，仅有 2.8% 的站次超二类海水水质标准（表 3-15）。全省所有养殖区磷酸盐含量均较低。

表 3-15　海水增养殖区活性磷酸盐含量频率分布

组距（mg/L）	频次（次）	频率（%）
≤0.005	285	42.3
0.005~0.015	271	40.3
0.015~0.03	98	14.6
0.03~0.045	12	1.8
>0.045	7	1.0

磷酸盐相对高值区主要分布于莱州湾、渤海湾水域（图 3-69），其次是日照岚山海域；其中潍坊滨海养殖区最高，其年变化范围 0.001 00~0.092 0 mg/L，平均值 0.023 0 mg/L，莱州虎头崖磷酸盐含量最低，变化范围为未检出至 0.009 49 mg/L，平均值 0.002 76 mg/L。

2）时间变化

（1）季节变化

根据 5 月、7 月、8 月、10 月的监测结果分析，山东海水增养殖区磷酸盐含量总体呈现夏季低，春、秋季高的分布趋势（图 3-70）；7 月、8 月的磷酸盐平均值分别为 0.005 64 mg/L、0.005 84 mg/L，春季、秋季的磷酸盐含量分别为 0.013 6 mg/L、0.012 2 mg/L。近岸磷酸盐主要由降雨和陆地径流带入，丰水期的磷酸盐含量不升、反而低于枯水期的分布特征，说明山东浅海养殖区浮游植物的繁殖对磷酸盐含量起着主导作用。从各养殖区不同季节磷酸盐变化情况看（图 3-71），渤海湾及莱州湾滩涂贝类养殖区以春季最高，且季节波动幅度较大；除桑沟湾夏季含量明显低于春秋季外，沿半岛往东、往南，各养殖区磷酸盐季节变动幅度逐渐下降，日照养殖区基本无明显季节变化。

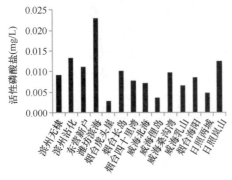

图 3-69　活性磷酸盐区域分布

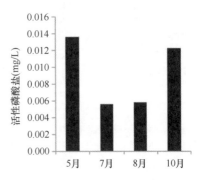

图 3-70　活性磷酸盐季节变化

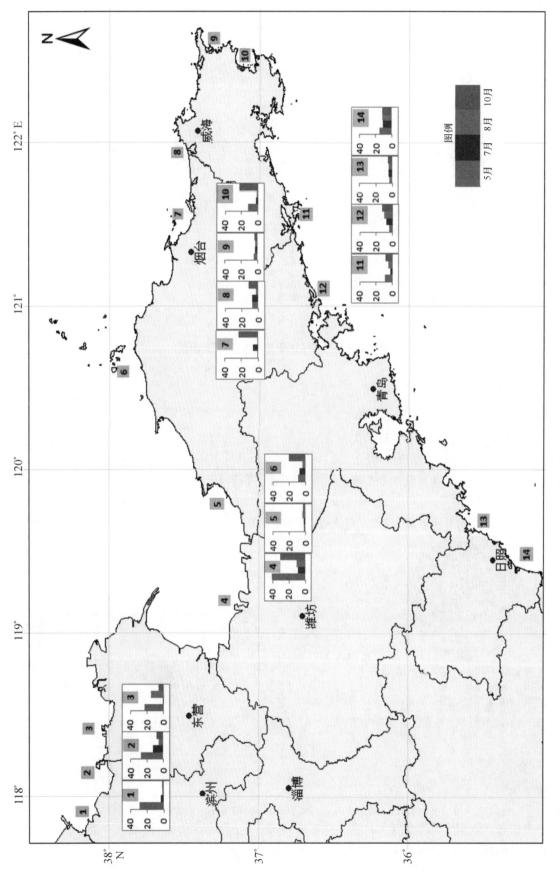

图3-71 海水增养殖区活性磷酸盐(μg/L)季节分布

（2）年际变化

山东省海水增养殖区磷酸盐含量年际变化见图3-72。山东渤海湾及莱州湾养殖区磷酸盐含量呈波浪式逐年下降趋势，黄海海域磷酸盐含量则相对较平稳。根据滨州无棣、潍坊滨海、烟台四十里湾及日照两城近5年的监测结果统计，山东省海水中磷酸盐含量总体呈逐年下降趋势，但下降幅度不大，2010年、2014年分别为0.021 7 mg/L、0.013 7 mg/L。

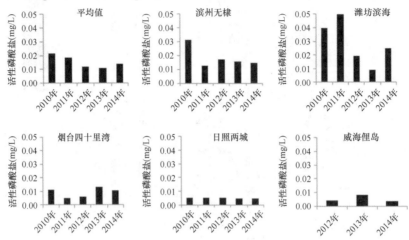

图3-72　海水增养殖区活性磷酸盐年际变化

3.2.2.7　石油类

1）区域分布

5—10月，山东省养殖区海水中石油类监测值范围为未检出至0.150 mg/L，平均值为0.024 8 mg/L（图3-73）。全省90%站次小于等于0.05 mg/L，符合二类海水水质标准要求。超标站次主要分布于东营新户贝类增养殖区（图3-74），其次是长岛和乳山养殖区。东营新户养殖区海水中石油类范围为0.045 2 ~0.068 mg/L，平均0.058 4 mg/L，大于0.05 mg/L超二类海水水质标准站次比例为89%。全省石油类超标共38站次，其中东营新户养殖区25站次，占总超标站次的63%，长岛及乳山养殖区均为5次，分别占13%。

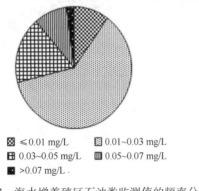

图3-73　海水增养殖区石油类监测值的频率分布

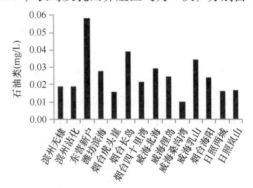

图3-74　海水增养殖区石油类区域分布

2）时间变化

（1）季节变化

由图3-75的石油类季节变化可看出，东营、乳山养殖区石油类含量始终处于相对较高水平，季节波动不明显，而长岛及潍坊滨海养殖区各月份变化幅度较大。说明东营、乳山海域存在固定的石油污染源，而长岛、潍坊海域石油污染受偶发油污染事件影响较大。

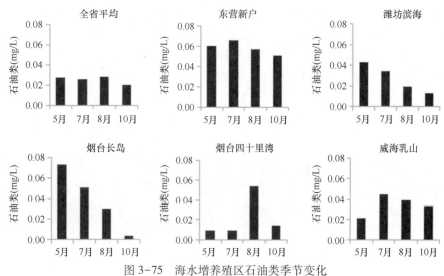

图 3-75　海水增养殖区石油类季节变化

（2）年际变化

增养殖区海水中石油类年际变化情况见图 3-76。渤海湾南部的东营及莱州湾南部的潍坊近岸海水中石油类含量近几年一致处于较高位波动，其中 2013 年最高，其均值分别为 0.076 2 mg/L 及 0.062 5 mg/L，已超过 0.05 mg/L 的渔业水质标准。其他养殖区则近几年一直处于较低水平，变化平稳。

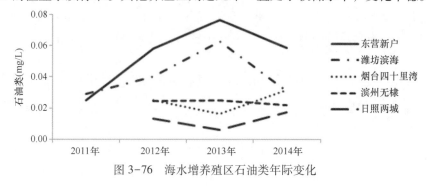

图 3-76　海水增养殖区石油类年际变化

3.2.2.8　叶绿素 a

1）区域分布

2014 年，山东省养殖水域叶绿素 a 监测值范围 0.032 4~18.7 μg/L，平均值 2.34 μg/L；其中 79% 站次小于等于 3 μg/L，大于 5 μg/L 的站次比例为 9%，仅有 2% 站次大于 10 μg/L，如图 3-77 示。

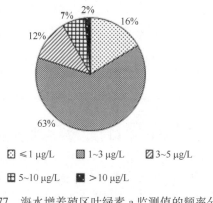

图 3-77　海水增养殖区叶绿素 a 监测值的频率分布

与无机氮、磷酸盐平面分布特特征相似，叶绿素 a 在莱州湾、渤海湾养殖区的含量高于黄海养殖区（图 3-78）；其中，潍坊滨海养殖区最高，年均值为 8.37 μg/L，无棣、东营新户养殖区年均值分别为 3.28 μg/L 及 2.99 μg/L；黄海水域除海阳丁字湾及烟台四十里湾稍高，分别为 3.83 μg/L 及 3.05 μg/L 外，其他养殖区年均值范围为 1.14~1.81 μg/L，初级生产力水平较低。

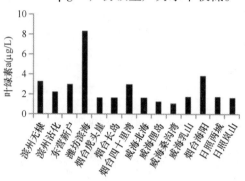

图 3-78　海水增养殖区叶绿素 a 区域分布

2）时间变化

（1）季节变化

从总体上看，增养殖区叶绿素 a 夏季稍高于春、秋季（图 3-79）；受陆源营养盐供给的影响，渤海水域及位于河口附近养殖区叶绿素含量较高且季节变化相对比较明显，如潍坊滨海、烟台四十里湾及海阳丁字湾等养殖区，而半岛东部及日照养殖区叶绿素水平较低，且无明显季节变化。

（2）年际变化

几个养殖区叶绿素 a 的年际变化见图 3-80。邻近河口或受人类活动影响较大的养殖区叶绿素含量近几年一直较高，且年季变化幅度较大，如潍坊滨海、烟台四十里湾等，而半岛东部及山东南部日照海域年际变化较小。

3.2.2.9　重金属

依据二类海水水质标准评价，2014 年，养殖区海水中汞达标站次 96.8%，铅达标站次 99.8%，镉、铬、铜、砷均为 100% 合格。

表 3-16　增养殖区海水中重金属含量

重金属类	含量范围（μg/L）	平均值（μg/L）	二类海水质量标准（μg/L）	达标站次（%）
汞	未检出~0.775	0.069 0	0.2	96.8
镉	未检出~3.88	0.330	5	100
铬	未检出~25.8	5.80	100	100
铅	未检出~7.19	1.09	5	99.8
铜	未检出~8.89	2.94	10	100
砷	未检出~10.19	2.78	30	100

海水中汞的年均值及季节变化见图 3-81。海阳丁字湾、莱州虎头崖及荣成桑沟湾为汞含量相对较高区，均值分别为 0.13 μg/L、0.12 μg/L 及 0.13 μg/L。2014 年，山东省 14 个养殖区超出二类水质标准的站次共 17 次，全部出现于 7 月，其中海阳 9 次、虎头崖 8 次；7 月，海阳丁字湾及莱州虎头崖养殖区海水中汞平均为 0.41 μg/L 及 0.36 μg/L，约为二类海水标准的 2 倍。

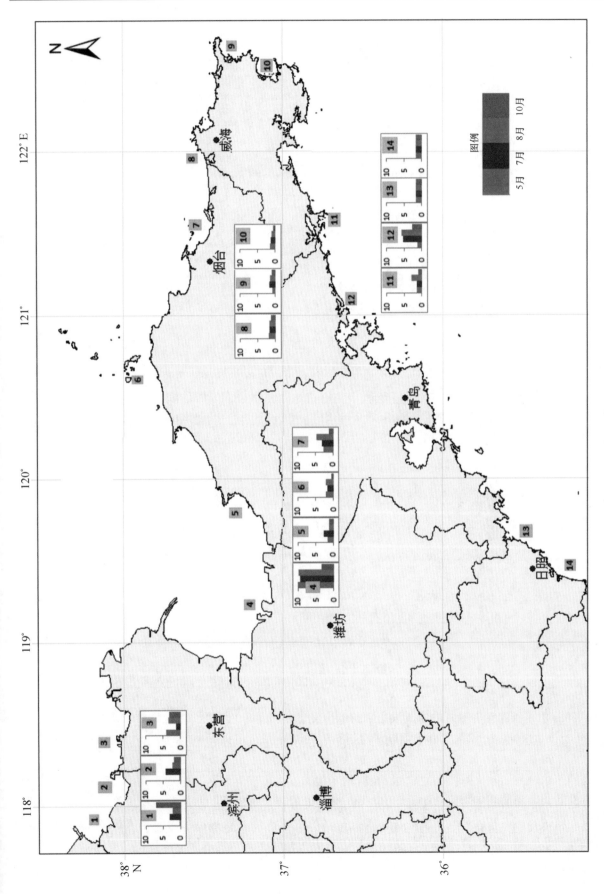

图3-79　山东省海水增养殖区叶绿素a(μg/L)季节分布

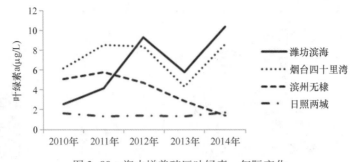

图 3-80　海水增养殖区叶绿素 a 年际变化

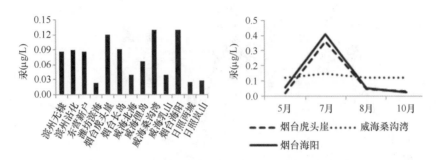

图 3-81　海水增养殖区汞的区域分布及季节变化

海水中铅含量频率分布及区域分布见图 3-82。88.7% 的站次小于等于 2 μg/L，仅 1 站次超二类水质标准；威海俚岛为相对稍高区域；铅含量分布的不均匀性与局部陆源污染有关。

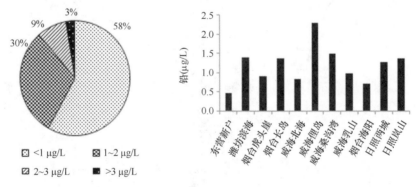

图 3-82　海水增养殖区铅含量频率分布及区域分布

3.2.2.10　粪大肠菌群

2014 年，山东省浅海养殖区海水粪大肠菌群的监测值范围为未检出至 3 500 个/L，平均 114 个/L；其中小于 20 个/L 的站次占 42%，小于 300 个/L 符合生食贝类养殖区海水标准的站次比例为 88%（图 3-83）。

长岛养殖水域最洁净，4 个航次粪大肠菌群均未检出；次洁净养殖区为荣成桑沟湾、莱州虎头崖及海阳丁字湾，其粪大肠菌群年均值均小于 20 个/L；粪大肠菌群含量较高的水域为威海北海、俚岛及日照岚山、两城养殖区。离主城区近或养殖区有较大量生活污水注入是导致养殖区粪大肠菌群数量偏高的最主要原因。养殖区的粪大肠菌群数量季节变化明显，夏季明显高于春秋季（图 3-84）。

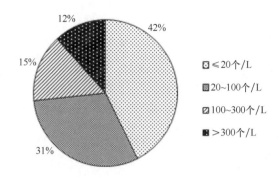

图 3-83　海水增养殖区粪大肠菌群数量的频率分布

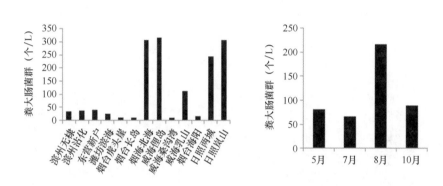

图 3-84　海水增养殖区粪大肠菌群区域分布与季节变化

3.2.3 沉积环境

3.2.3.1 重金属

2014 年，山东省海水增养殖区沉积环境中重金属含量见表 3-17，除极个别站次的汞外，镉、铬、铜、铅、砷等均符合一类海洋沉积物质量标准。近 3 年监测结果表明，部分海域沉积物汞呈略上升趋势，其他重金属含量基本无变化（图 3-85）。

表 3-17　海水增养殖区沉积物中重金属含量及年际变化

重金属类	含量范围 （×10⁻⁶）	平均值 （×10⁻⁶）	一类沉积物质量标准 （×10⁻⁶）	达标站次 （%）	2012—2014 年 变化趋势
汞	0.003 05~0.255	0.048 3	0.2	97.2	上升
镉	0.068 9~0.450	0.048 3	0.5	100	平稳
铬	12.1~65.9	27.8	80	100	—
铅	6.75~33.7	14.8	60	100	波动
铜	1.58~23.1	11.7	35	100	下降
砷	1.63~13.8	7.85	20	100	平稳

3.2.3.2 硫化物

2014 年，硫化物的站位监测值范围为未检出至 131.9×10^{-6}，平均 47.4×10^{-6}，所有站位均符合一类沉

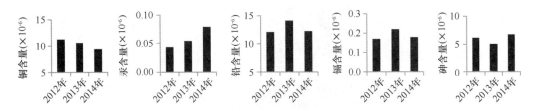

图 3-85　海水增养殖区沉积物重金属含量年际变化

积物质量标准（300×10^{-6}）。图 3-86 显示，以筏式养殖为主的烟台、威海及日照养殖区硫化物明显高于以滩涂养殖为主的渤海段养殖区；沉积物硫化物较高区域分布于威海北海、乳山及桑沟湾养殖区，平均值分别为 106.2×10^{-6}、102.0×10^{-6}、99.7×10^{-6}。近 3 年监测结果表明，沉积物中硫化物无明显变化。

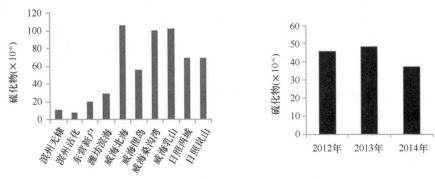

图 3-86　沉积物中硫化物的区域分布及年际变化

3.2.3.3　有机碳

有机碳的站位监测值范围为未检出至 0.870×10^{-2}，平均值为 0.293×10^{-2}，所有站位均符合一类沉积物质量标准（2×10^{-2}）。无棣及威海北部、东部养殖区略高，平均值分别为 0.702×10^{-2}、0.572×10^{-2}（图 3-87）。养殖区沉积物有机碳含量近几年无明显变化。

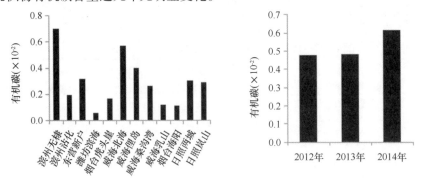

图 3-87　海水增养殖区沉积物中有机碳区域分布及年际变化

3.2.3.4　石油类

沉积物石油类的站位监测值范围为未检出至 252.6×10^{-6}，平均值为 93.8×10^{-6}，所有站位均符合一类沉积物质量标准（500×10^{-6}）。沉积物中石油类含量相对较高区域为桑沟湾，平均值为 230.4×10^{-6}，其次是日照岚山和两城养殖区，分别为 158.3×10^{-6}、157.7×10^{-6}。尽管东营新户养殖区海水石油类为山东省最高区域，但其沉积物石油类含量为 81.2×10^{-6}，属山东省中等水平。石油类年际变化不大，仅 2013 年有升高（图 3-88）。

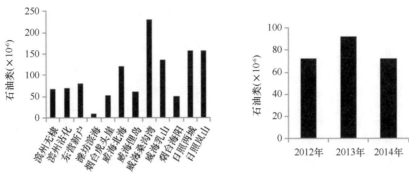

图 3-88　海水增养殖区沉积物中石油类区域分布及年际变化

3.2.3.5　滴滴涕及多氯联苯

2014 年，各站位沉积物中滴滴涕监测值范围为未检出至 $0.016\ 3 \times 10^{-6}$，平均值为 $0.003\ 77 \times 10^{-6}$，未检出的站位比例为 60%；多氯联苯的站位监测值范围为未检出至 $0.018\ 6 \times 10^{-6}$，平均值为 $0.002\ 55 \times 10^{-6}$，未检出的站位比例为 67%；所有站位的滴滴涕及多氯联苯均符合一类沉积物质量标准。

无棣、沾化、潍坊滨海、莱州虎头崖、海阳及日照岚山、两城养殖区滴滴涕均未检出，其余 5 个养殖区滴滴涕含量见图 3-89，乳山及桑沟湾为滴滴涕相对较高区域，平均含量分别为 $0.015\ 6 \times 10^{-6}$、$0.014\ 2 \times 10^{-6}$。

东营新户、威海北海、桑沟湾及乳山养殖区沉积物多氯联苯含量见图 3-89，其余养殖区多氯联苯均未检出；乳山及桑沟湾为相对较高区域，其平均值分别为 $0.017\ 8 \times 10^{-6}$、$0.008\ 51 \times 10^{-6}$。

尽管符合一类沉积物质量标准，但乳山养殖区的滴滴涕及多氯联苯，桑沟湾的滴滴涕已接近标准值，且远高于其他区域。

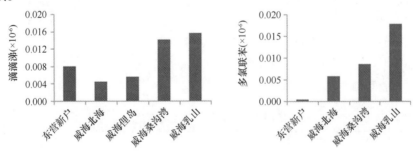

图 3-89　浅海增养殖区沉积物中滴滴涕及多氯联苯

3.2.3.6　底栖生物

1）种类组成

2014 年 5 月及 8 月，山东省 13 个浅海增养殖区共鉴定出大型底栖动物 220 种，主要为环节动物、软体动物、节肢动物、棘皮动物、鱼类等，共 10 个门类；其中环节动物种类最多，有 102 种，占总种数的 45.9%，其次是软体动物和节肢动物，分别占 23.4% 和 20.7%。底栖生物种类组成见表 3-18。

表 3-18　海水增养殖区大型底栖生物种类组成

序号	分类	种类数（种）	比例（%）
1	环节动物	102	45.9
2	软体动物	52	23.4
3	节肢动物	46	20.7
4	棘皮动物	12	5.4
5	鱼类	3	1.3
6	纽形动物	2	0.9
7	脊索动物	1	0.5
8	扁形动物	1	0.5
9	腔肠动物	1	0.5
10	星虫动物	1	0.5
11	螠虫动物	1	0.5

2）生物数量及生物量

2014 年 5 月，山东省 13 个浅海增养殖区各站位的生物数量范围为 21.0~7 420.0 个/m²，平均值为 727.7 个/m²；站位生物数量最高值出现于俚岛藻类增养殖区，该站位优势种类索沙蚕（*Lumbrineris latreilli*）的栖息密度高达 3 080.0 个/m²；站位生物数量次高值（3 950 个/m²）出现于莱州虎头崖养殖区，该站位优势种类双壳类幼贝的密度为 3 760.0 个/m²。5 月，各站位的生物量范围为 0.15~10 680.86 g/m²，平均值为 264.92 g/m²；站位生物量最高值出现于潍坊滨海贝类养殖区，该站位优势种类菲律宾蛤仔（*Ruditapes philippinarum*）的生物量高达 9 385.83 g/m²；站位生物量次高值（965.19 g/m²）出现于俚岛养殖区，该站位生物量最高种类为紫贻贝（*Mytilus edulis*），其生物量为 519.94 g/m²。

5 月，以养殖区为单位统计，底栖生物的生物数量变化范围为 57.5~2 870.0 个/m²（表 3-19）；俚岛养殖区生物数量最高，其第一优势种类索沙蚕平均栖息密度 947.5 个/m²，占该区总底栖生物数量的 33%，第二优势种类丝鳃虫（*Cirratulus cirratus*）栖息密度 755.0 个/m²，占 24%。5 月，各养殖区的底栖生物量变化范围为 1.15~2 727.58 g/m²，其中潍坊滨海养殖区最高，日照两城养殖区最低。潍坊滨海养殖区具有丰富的双壳贝类资源，其菲律宾蛤仔平均栖息密度 2 346.46 g/m²，占整个底栖生物量的 86%，长牡蛎 312.79 g/m²，占底栖生物量的 11%。

表 3-19　5 月大型底栖生物的生物数量及生物量

增养殖区	生物数量 （个/m²）	生物量 （g/m²）	第一优势种类
滨州无棣浅海贝类增养殖区	65.0	29.00	金氏真蛇尾（*Pphiura kinbergi*）
滨州沾化浅海贝类增养殖区	71.3	13.59	拟特须虫（*Paralacydonia paradoxa*）
东营新户浅海养殖样板园	57.5	11.72	虹光亮樱蛤（*Nitidotellina iridella*）
潍坊滨海区滩涂贝类养殖区	952.5	2 727.58	菲律宾蛤仔（*Ruditapes philippinarum*）
莱州虎头崖增养殖区	1 072.5	3.26	双壳类幼贝
长岛扇贝养殖区	1 417.5	22.22	梳鳃虫（*erebellides stroemii*）
威海北海增养殖区	1 265.6	17.90	丝异须虫（*Heteromastus filiforms*）
荣成俚岛藻类增养殖区	2 870.0	276.57	索沙蚕（*Lumbrineris latreilli*）
桑沟湾增养殖区	358.9	14.78	凸壳肌蛤（*Musculista senhausia*）

增养殖区	生物数量 （个/m²）	生物量 （g/m²）	第一优势种类
乳山浅海贝类养殖区	1 130.1	4.07	车轮螺（*Architectonica trochlearis*）
海阳丁字湾浅海养殖区	165.0	126.53	青岛文昌鱼（*Branchiostoma japonicus*）
日照岚山海水增养殖区	68.0	5.00	多丝独毛虫（*Tharyx multifilis*）
日照两城海水增养殖区	106.8	1.15	双栉虫（*Ampharete acutifrons*）

2014 年 8 月，山东省浅海增养殖区各站位的生物数量变化范围 20.0~6 050.0 个/m²，平均值为 601.4 个/m²；站位最高值出现于潍坊滨海贝类养殖区，该站位菲律宾蛤仔栖息密度为 6 020.0 个/m²，占该站位生物数量的 99.5%；次高值为 5 260.0 个/m²，出现于荣成俚岛藻类养殖区，该站位优势种类丝异须虫（*Heteromastusfiliformis*）及刚鳃虫（*Chaetozonesetosa*）的分布密度分别为 2 250.0 个/m² 及 1 820.0 个/m²。各站位的底栖生物量变化范围 0.15~6 166.26 g/m²，平均值为 183.69 g/m²；站位生物量最高值出现于潍坊滨海养殖区，该站位菲律宾蛤仔的生物量高达 6 150.72 g/m²，占站位总生物量的 99.7%；站位生物量次高值（126.39 g/m²）出现于海阳丁字湾养殖区，该站位第一优势种类中国蛤蜊（*Mactra chinensis*）生物量为 125.96 g/m²。

8 月，底栖生物在各养殖区的平均生物数量范围为 70.0~1 997.5 个/m²（表 3-20）；俚岛养殖区最高，该养殖区第一及第二优势种类为丝异须虫及刚鳃虫，其生物数量分别为 650 个/m² 及 590 个/m²，分别占该养殖区底栖生物总生物数量的 32.5% 及 29.5%。各养殖区的底栖生物量变化范围为 0.25~1 577.24 g/m²，其中潍坊滨海养殖区最高，乳山贝类养殖区最低。潍坊滨海养殖区菲律宾蛤仔平均栖息量 1 537.68 g/m²，占整个底栖生物量的 77%。

表 3-20　8 月大型底栖生物的生物数量及生物量

增养殖区	生物数量 （个/m²）	生物量 （g/m²）	第一优势种类
滨州无棣浅海贝类增养殖区	81.3	50.10	金氏真蛇尾（*Pphiura kinbergi*）
滨州沾化浅海贝类增养殖区	70.0	5.03	不倒翁虫（*Sternaspis sculata*）
东营新户浅海养殖样板园	348.0	2.00	日本镜蛤（*Dosinia japonica*）
潍坊滨海区滩涂贝类养殖区	1 585.0	1 577.24	菲律宾蛤仔（*Ruditapes philippinarum*）
威海北海增养殖区	590.0	3.62	锥头虫属一种（*Orbinia* sp.）
荣成俚岛藻类增养殖区	1 997.5	23.12	丝异须虫（*Heteromastus filiformis*）
桑沟湾增养殖区	873.3	14.98	日本美人虾（*Callianassa japonica*）
乳山浅海贝类增养殖区	103.6	0.25	日本管角贝（*Siphonodentalium japonica*）
海阳丁字湾浅海养殖区	110.0	65.48	双壳类幼体
日照岚山海水增养殖区	320.0	9.32	不倒翁虫（*Sternaspis scutata*）
日照两城海水增养殖区	220.0	63.00	独指虫（*Aricidea fragilis*）

3）生物多样性

各养殖区的大型底栖生物种类数量和多样性指数见图 3-90。5 月，各养殖区底栖生物种类数量为 11~60 种，8 月为 6~37 种，总体趋势为渤海湾、莱州湾养殖区的底栖生物种类数少于黄海养殖区，滩涂贝类养殖区底栖生物种类少于筏式养殖养殖区。

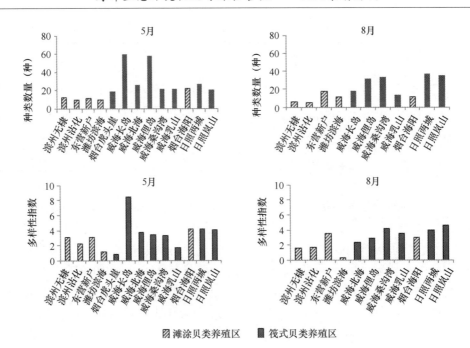

图 3-90　各养殖区大型底栖生物种类数及多样性指数

　　5月各养殖区底栖生物多样性指数为 0.78~8.50，8月为 0.41~4.64；底栖生物多样性指数的总体分布趋势同种类数一致，即渤海湾、莱州湾养殖区低于黄海养殖区。潍坊滨海区种类数较少，且优势种类菲律宾蛤仔生物量远高于其他种类，因而其生物多样性指数非常低，5月及8月分别为 1.3、0.41。5月，莱州虎头崖养殖区多样性指数最低，仅为 0.78；与该时间段属于贝类繁殖季节，集中大量出现双壳类幼贝有关。

3.2.4　池塘养殖区环境

3.2.4.1　海水环境

　　2014 年 5—10 月，对东营 30 万亩①现代渔业示范区海参池塘养殖区及东营新户海参池塘养殖区的海水环境实施了监测，依据第二类海水水质标准评价，海水中 pH、化学需氧量、溶解氧、无机氮及石油类等项目的站次达标率为 50%~89%（表 3-21）；溶解氧、活性磷酸盐、粪大肠菌群、汞、镉、铅、铜、砷和铬等监测项目所有站次均符合二类海水水质标准。海水质量基本能够满足养殖活动要求。

表 3-21　2014 年山东省池塘养殖区海水项目达标率

项目	二类水质标准站次达标率（%）
pH	74
化学需氧量	50
溶解氧	89
无机氮	59
石油类	69

---

　　①　1 亩约为 667 m²。

1）水温

5—10 月，海参养殖池塘水温变化范围为 16.5~32.0℃，最高水温出现于 7 月中旬新户养殖区。

30 万亩养殖池塘，6 月 11 日水温为 22.7℃，至 7 月 1 日骤升至 27.8℃，27℃以上高温一直延续至 8 月下旬；其后水温逐渐下降，9 月上旬，水温 22~23℃，至 10 月 20 日池塘水温下降至 15~16℃。

2）盐度

5—10 月，海参池塘的盐度变化范围为 27.8~35.02，平均 30.8；相对低盐季节为 6—8 月上旬；30 万亩最高盐度季节为 10 月中旬，池塘盐度范围 32.7~34.3，而新户养殖区最高盐度季节为 8 月下旬，平均盐度 35.0。两个池塘养殖区盐度变化差异较明显，与池塘不同管理措施有关。

30 万亩养殖区，除 6 月中旬池塘表层盐度明显高于底层外，其他时间段表层盐度略低或与底层盐度相同。

3）溶解氧

5—10 月，海参池塘的溶解氧变化范围 4.08~9.80 mg/L。11% 的站次劣于二类海水水质标准，33% 的站次劣于一类水质标准。劣于二类水质标准的站次全部分布于 7 月底至 8 月底。

30 万亩养殖区的表层及底层水溶解氧含量及表、底层溶解氧差见图 3-91。高温季节溶解氧明显低于低温季节，溶解氧最高值出现于 10 月，次高值出现于 5 月，低值则出现于 7 月下旬至 8 月下旬；所有监测航次中，表层溶解氧均大于底层，温度越高，表底层间差距越大。

图 3-91 中，溶解氧差＝表层溶解氧－底层溶解氧。

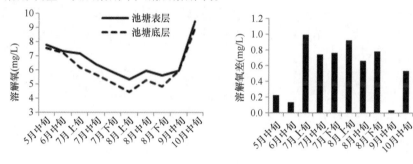

图 3-91　30 万亩海参池塘溶解氧的季节变化

4）pH

5—10 月，两个养殖区的 pH 监测值变化范围 6.82~8.82，平均值为 8.22，最低值及最高值分别出现于 8 月上旬及 6 月中旬。低于二类水质标准区间的站次比例为 8.3%，高于标准区间的站次比例为 13.3%。与浅海养殖区相比，池塘养殖区 pH 较高，并且波动范围较大。

各池塘季节变化趋势不完全一致（图 3-92），东营新户海参养殖池塘 pH 季节变动较明显，航次均值范围 7.36~8.35，而 30 万亩 pH 航次均值为 8.27~8.47，则相对平稳。引发池水 pH 变化的因素主要是水中的二氧化碳，二氧化碳的增减又受浮游植物光合作用、生物呼吸作用及有机质氧化分解强度的影响。pH 越低，水体中硫化氢毒性越大，pH 越高，水体中氨的毒性越大；并且 pH 的过高与过低可直接影响养殖生物的生理代谢活动。

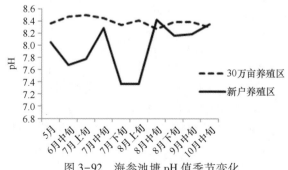

图 3-92　海参池塘 pH 值季节变化

5）化学需氧量

5—10月，两个池塘养殖区的化学需氧量变化范围为 0.40~6.80 mg/L，平均值为 3.13 mg/L；其中，50%的站次超过二类海水水质标准值，超过三类及四类标准值的站次比分别为 22% 及 8%（表3-22）。浅海养殖区化学需氧量平均为 1.26 mg/L，受人工投饵、降雨等影响，池塘化学需氧量远高于浅海养殖区。

表 3-22　海参池塘养殖区化学需氧量监测值频率分布

监测值（mg/L）	频率（%）
≤2	20
2~3	30
3~4	28
4~5	14
>5	8

6）营养盐

5—10月，30万亩及新户海参池塘中无机氮监测值变化范围为 0.052 2~0.934 mg/L，平均值为 0.335 mg/L，符合二类水质标准的站次占 59%。活性磷酸盐监测值变化范围为未检出至 0.017 1 mg/L，平均值为 0.002 21 mg/L。29%站次未检出；除1站次监测值为 0.017 1 mg/L，其余站次均小于 0.01 mg/L，99%的站次小于一类海水水质标准值。同浅海养殖区类似，均属磷限制性贫营养状态。

7）石油类

5—10月，30万亩及新户海参池塘中无机氮监测值变化范围为 0.002 6~0.098 mg/L，平均值为 0.043 mg/L，其中31%的站次石油类含量大于 0.05 mg/L，超过二类水质标准。石油类含量高值主要分布于30万亩养殖区的6月中旬至9月中旬。池塘养殖区的石油类含量较高与其邻近海域油气开发活动较多有关。

8）叶绿素 a

5—10月，池塘中叶绿素 a 监测值变化范围为 0.442~8.94 μg/L，平均值为 3.01 μg/L，略高于浅海养殖区。各池塘叶绿素含量季节变动较大。30万亩养殖区的叶绿素 a 高值主要出现于7月中旬及8月中旬，春、秋季较低；与之相反，新户养殖区5月、10月叶绿素 a 含量为较高季节（图3-93）。

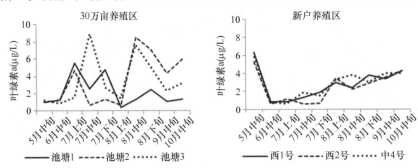

图 3-93　海参池塘叶绿素 a 季节变化

9）微生物

5—10月，池塘海水中粪大肠菌群监测值范围为未检出至 1 300 个/L，平均值为 40 个/L，其中未检出站次占 52%。30万亩海参池塘海水的细菌总数范围为 $0.4 \times 10^4 \sim 60 \times 10^4$ 个/L，细菌总数高峰出现于7月上旬前后，最低值出现于8月中旬（图3-94），其于7月数量的突然升高应与当时降雨量较大、裹携陆源污染物雨水汇入有关。

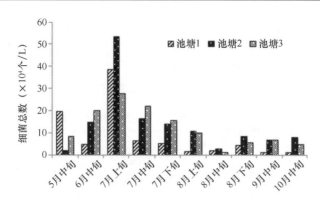

图 3-94　30 万亩海参池塘细菌总数季节变化

3.2.4.2　浮游植物

1）种类组成

东营新户池塘养殖区及 30 万亩现代渔业示范区海参池塘养殖区共采集到浮游植物 45 种（属），分别隶属于硅藻门、甲藻门、黄藻门、蓝藻门及绿藻门，其中硅藻门 28 种、占 62%，甲藻门 14 种、占 31%，其他门共 3 种、占 7%。海参池塘浮游植物常见种类主要有舟形藻（*Navicula sp.*）、新月菱形藻（*Nitzschia closterium*）、锥状斯氏藻（*Scrippsiella trochoidea*）及尖刺拟菱形藻（*Pseudo-nitzschia pungens*）等。

30 万亩养殖区，高温季节浮游植物种类数量高于低温季节，7—8 月种类数量最多，达 15 种；而新户养殖区浮游植物种类数量则以春季最多，共出现 21 种，随后逐渐下降，至秋季最低，出现 13 种。

与自然海区的浮游植物群落相比，池塘的浮游植物种类数较少，甲藻出现频率较高，并出现少量咸淡水种类。

2）生物数量

池塘养殖区各站次的浮游植物密度范围为 $2.0 \times 10^4 \sim 10\ 152.0 \times 10^4$ cells/m³，季节变化明显，且波动幅度大。新户及 30 万亩养殖区的浮游植物密度高峰值均出现于 5 月，平均值为 $2\ 242.6 \times 10^4$ cells/m³、$3\ 386.7 \times 10^4$ cells/m³；其中东营 30 万亩示范区的池塘 3 因微小原甲藻过度繁殖使细胞密度高达 1.01×10^9 cells/m³，已经达到赤潮标准。此后，30 万亩养殖区浮游植物密度逐渐下降，其平均密度分别由 6 月和 7 月的 482.8×10^4 cells/m³ 和 373.8×10^4 cells/m³ 下降至 8 月的 58.7×10^4 cells/m³。新户养殖区除 5 月外，另一高峰值出现于 8 月，细胞密度为 $2\ 092.0 \times 10^4$ cells/m³（图 3-95）。

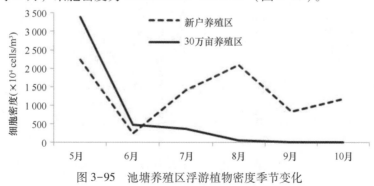

图 3-95　池塘养殖区浮游植物密度季节变化

3.2.4.3　养殖生物质量

1）贝类生物质量

监测品种有文蛤、四角蛤蜊、菲律宾蛤仔、海湾扇贝、栉孔扇贝、牡蛎和紫贻贝等；监测结果见表

3-23。依据《食品安全国家标准：食品中污染物限量》（GB2762—2012）、《无公害食品　水产品中有毒有害物质限量》（NY 5073—2006）、《海洋经济生物质量风险评价指南》（HY/T128—2012）评价，所有贝类样品的汞、铅、铜、铬、六六六、滴滴涕、多氯联苯及贝毒均符合评价标准，部分样品的石油烃、镉及砷超标。

表 3-23　贝类体有毒有害物质含量及评价结果

监测项目	监测结果	评价标准	达标率（%）
石油烃（mg/kg）	2.86~33.6	15	83
汞（mg/kg）	0.008 83~0.043 2	1.0	100
镉（mg/kg）	未检出~12.2	2.0	92
铅（mg/kg）	未检出~0.739	1.5	100
铜（mg/kg）	未检出~7.98	50	100
砷（mg/kg）	0.065 1~1.24	0.5	83
铬（mg/kg）	未检出~0.747	2.0	100
六六六（mg/kg）	未检出~0.000 951	2	100
滴滴涕（mg/kg）	未检出~0.016 3	1	100
多氯联苯（mg/kg）	未检出~0.017 0	0.5	100
腹泻性贝毒	未检出	400	100
麻痹性贝毒	未检出	不得检出	100

（1）石油烃

超标样品采集于潍坊滨海及东营新户养殖区；贝类体中石油烃含量与养殖环境石油烃含量分布趋势一致；莱州湾及渤海湾养殖区的贝类体石油烃含量高于黄海养殖区（图3-96）。

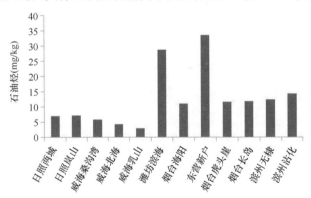

图 3-96　各养殖区贝类体中石油烃含量

（2）镉

2014 年共监测 12 个贝类样品，其中 1 个栉孔扇贝样品镉含量高达 12.2 mg/kg。贝类消化盲囊为贝类对重金属的主要富集器官，通常情况下并不被作为可食部分，超标样品镉含量如此之高为样品包含消化盲囊所致。

2）海藻生物质量

海带样品监测结果见表 3-24，所有监测指标均符合评价标准。

表 3-24　海带中有毒有害物质含量及评价

监测项目	监测结果（mg/kg）	评价标准（mg/kg）	达标率（%）
石油烃	2.48~2.65	15	100
汞	0.009 24~0.009 26	0.5	100
镉	0.216~0.238	2.0	100
铅	0.052 4~0.083 9	1	100
铜	1.21~1.35	50	100
无机砷	0.253~0.258	1.5	100
铬	0.695~0.733	2.0	100

3）海参生物质量

对东营 30 万亩现代渔业示范区海参养殖区和东营新户海参养殖区内养殖海参体内进行了监测，多氯联苯、六六六及滴滴涕均未检出，其余指标监测结果见表 3-25，所监测指标完全符合食品中有毒有害物质限量标准。

表 3-25　海参中有毒有害物质含量及评价

监测项目	监测结果（mg/kg）	评价标准（mg/kg）	达标率（%）
石油烃	6.62~7.26	15	100
汞	0.006 79~0.006 82	0.5	100
镉	0.026 7~0.035 2	2.0	100
铅	0.058 8~0.063 9	1.0	100
铜	0.795~0.833	50	100
砷	0.219~0.224	0.5	100
铬	0.463~0.502	2.0	100

3.2.5　实时在线监测

2014 年在东营海参养殖池塘进行了实时在线监测，监测指标包括水温、pH、溶解氧及盐度。pH 实时监测数据显示，6 月 11 日至 7 月 9 日，池塘水温范围 22.72~29.61℃，盐度范围 25.28~29.30，pH 范围 8.5~9.0，溶解氧 2.17~11.74 mg/L。7 月 11 日至 7 月 31 日，池塘水温范围 22.99~31.99℃，盐度范围 18.92~29.07，pH 范围 7.77~8.55，溶解氧 2.47~7.02 mg/L。

6 月中旬至 7 月上旬，水温、盐度、pH 基本正常，但溶解氧波动较大。溶解氧低于 4 mg/L 的天数为 7 d，占总监测天数的 24.1%，低于 3 mg/L 的天数为 2 d，分别为 6 月 21 日和 7 月 5 日。进入 7 月中旬后，随着水温的不断升高及阴雨天气增多，溶解氧、盐度及 pH 均具有较明显变化（图 3-97）。

7 月 11—28 日，溶解氧低于 4 mg/L 的天数为 12 d，66.7% 的时间段低于海水养殖功能区要求；溶解氧低于 3 mg/L 的天数为 5 d，占总监测天数的 27.8%，其中 4 d 分布于 7 月下旬；低氧易发生时间段为凌

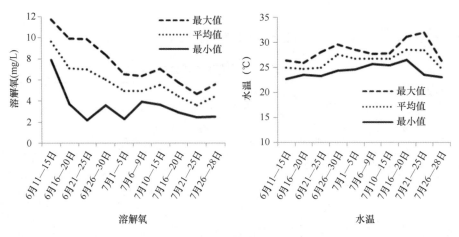

图 3-97　海参池塘实时在线监测结果

晨至上午 10：00 左右。受大暴雨影响，7 月 23 日池塘盐度由 28 骤降至 20 左右。pH 一直呈现逐渐下降趋势，原因可能为水温升高，异养微生物活动旺盛，有机质分解速率增加，水中二氧化碳持续增加所致。

3.2.6　海水增养殖区环境综合评价

依据海水增养殖区环境综合评价方法（DB 37/T 2298—2013）对山东省 12 个浅海海水增养殖区进行评价，评价结果见表 3-26。大多数海水增养殖区养殖环境状况良好，较适宜于增养殖；存在的最主要问题是大部分区域磷限制性贫营养，个别区域无机氮富营养化。

表 3-26　山东省海水增养殖区环境综合评价结果

增养殖区名称	环境质量指数	质量分级	主要环境问题
滨州无棣浅海贝类增养殖区	67	中	可以增养殖，磷酸盐中度贫乏
滨州沾化浅海贝类增养殖区	85	良	较适宜增养殖，磷酸盐轻度贫乏
东营新户浅海养殖样板园	72	良	较适宜增养殖，磷酸盐轻度贫乏
潍坊滨海区滩涂贝类养殖区	55	中	可以增养殖，无机氮中度污染
莱州虎头崖增养殖区	52	中	可以增养殖，磷酸盐中度贫乏
长岛扇贝养殖区	86	良	较适宜增养殖，磷酸盐轻度贫乏
威海北海增养殖区	61	中	可以增养殖，磷酸盐中度贫乏
荣成俚岛藻类增养殖区	61	中	可以增养殖，磷酸盐中度贫乏
桑沟湾增养殖区	70	良	可以增养殖，磷酸盐及无机氮均轻度贫乏
海阳丁字湾浅海养殖区	82	良	较适宜增养殖，磷酸盐轻度贫乏
乳山浅海贝类养殖区	79	良	较适宜增养殖，磷酸盐轻度贫乏
日照两城海水增养殖区	76	良	较适宜增养殖，磷酸盐轻度贫乏
日照岚山海水增养殖区	93	良	较适宜增养殖

3.2.7　结论及对策建议

（1）山东浅海海水增养殖区环境质量状况总体良好，基本满足增养殖活动要求。增养殖区溶解氧具有明显的季节变化，以 7 月、8 月最低，个别站次可低至 3 mg/L 以下。pH 超标站次比例为 3%，低于二类海水水质标准，尤以莱州湾南部为甚；pH 除莱州湾南部呈波浪式下降外，其他区域无明显年际变化。化学需氧量站次达标率为 98%，渤海湾、莱州湾（莱州虎头崖以西）化学需氧量明显高于半岛北部及南部水域。79% 站次无机氮符合二类海水水质标准；莱州湾、渤海湾养殖区的无机氮含量普遍高于烟威及日照养殖区，尤以莱州湾南部无机氮含量最高，站次监测值可达 4.040 mg/L；无机氮含量季节变化趋势总体状况是 7 月较低，其他 3 个月份基本相等，但各养殖区变化不尽相同，莱州湾南部季节变化最明显；渤海段、烟台北部养殖区无机氮含量呈波浪式上升趋势，半岛东部及南部含量较稳定，尤明显变化。活性磷酸盐小于一类海水水质标准值的站次占 82.6%，仅有 2.8% 的站次超二类海水水质标准，大部分养殖区磷酸盐含量属非常低水平。海水中石油类达标率 90%，石油类高值区主要分布于东营及长岛养殖区。叶绿素 a 含量渤海高于黄海，以莱州湾南部最高。沉积物除个别站次的汞外，其他污染物指标符合一类沉积物质量标准。

（2）池塘养殖区的常规监测与实时在线监测的监测结果均表明，夏季水中溶解氧较低，底层溶解氧低于表层；应加大实时在线监测的力度，避免高温及雨季缺氧对养殖生物造成的损害。

（3）山东海域氮磷比失衡现象明显，普遍呈现磷限制性贫营养状态；需限制贝类及藻类养殖密度，尤其在莱州虎头崖、威海北海及荣成俚岛、桑沟湾等筏式养殖区域；东部海域适当增加网箱养殖数量，与筏式养殖间养。

（4）莱州湾、渤海湾及烟台四十里湾水域氮富营养化程度较严重，鼓励发展浅海滩涂贝类或藻类养殖，充分利用海洋生产力，且净化海水环境。

（5）渤海湾、莱州湾及长岛水域石油烃污染相对较严重，监测值接近甚至超过渔业水质标准，需警惕溢油事故对养殖生物损害及对养殖生物质量的影响。

3.3　海洋保护区

3.3.1　山东省海洋自然保护区变化趋势

海洋自然保护区是国家为保护海洋环境和海洋资源而划出界线加以特殊保护的具有代表性的自然地带，依据《海洋自然保护区管理办法》进行管理。海洋保护区的建立可有效地防止对海洋的过度破坏，协调海洋开发与生态安全、促进海洋资源可持续利用。开展海洋自然/特别保护区监测，掌握保护区保护对象、海洋环境、海洋生物多样性等现状及变化情况，评价保护区生境状况以及主要保护对象的保护情况，分析保护对象受到的直接和潜在的环境风险，对于评估保护区的管理成效和制订保护区管理计划均具有重要的积极意义。

截至 2014 年底，山东批建国家级海洋自然/特别保护区 25 个，其中海洋自然保护区 4 个、海洋特别保护区 21 个。如图 3-98 所示，2010—2014 年，山东省海洋与渔业厅组织全省国家级海洋自然/特别保护区开展了监测与评价工作，其中 2010 年、2011 年、2012 年、2013 年及 2014 年分别开展工作的保护区数量为 10 个、11 个、16 个、18 个和 22 个。表 3-27 所示为山东省海洋自然/特别保护区监测时间。

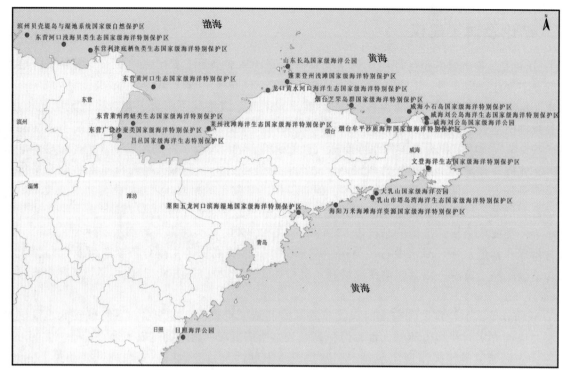

图 3-98　山东省国家级海洋自然/特别保护区分布

表 3-27　山东省海洋自然/特别保护区监测时间

序号	保护区名称	所在地区	2010 年	2011 年	2012 年	2013 年	2014 年
1	山东滨州贝壳堤岛与湿地系统国家级自然保护区	滨州	√	√	√	√	√
2	山东昌邑国家级海洋生态特别保护区	潍坊	√	√	√	√	√
3	东营黄河口生态国家级海洋特别保护区	东营	√	√	√	√	√
4	东营利津底栖鱼类生态国家级海洋特别保护区	东营	√	√	√	√	√
5	东营河口浅海贝类生态国家级海洋特别保护区	东营	√	√	√	√	√
6	东营广饶沙蚕类国家级海洋特别保护区	东营		√	√	√	√
7	东营莱州湾蛏类生态国家级海洋特别保护区	东营		√	√	√	√
8	山东莱州浅滩海洋生态国家级海洋特别保护区	烟台				√	√
9	山东蓬莱登州浅滩国家级海洋特别保护区	烟台				√	√
10	龙口黄水河口海洋生态国家级海洋特别保护区	烟台			√	√	√
11	山东烟台芝罘岛群国家级海洋特别保护区	烟台		√	√	√	√
12	山东烟台牟平沙质海岸国家级海洋特别保护区	烟台			√	√	√
13	威海小石岛国家级海洋特别保护区	威海			√	√	√
14	威海刘公岛海洋生态国家级海洋特别保护区	威海	√	√	√	√	√
15	文登海洋生态国家级海洋特别保护区	威海	√	√	√	√	√
16	乳山市塔岛湾海洋生态国家级海洋特别保护区	威海			√	√	√
17	山东莱阳五龙河口滨海湿地国家级海洋特别保护区	烟台			√	√	√
18	山东海阳万米海滩海洋资源国家级海洋特别保护区	烟台			√	√	√
19	山东长岛国家级海洋公园	烟台					√
20	威海刘公岛国家级海洋公园	威海					√
21	大乳山国家级海洋公园	威海					√
22	日照海洋公园	日照					√

3.3.1.1　水环境

2010—2014 年海洋自然/特别保护区监测结果（图 3-99）显示：无机氮是各保护区的首要超标物质，半数以上保护区无机氮存在超标现象，2011 年无机氮超标严重，91% 的保护区无机氮超标，2014 年有所回落，超标率约为 59%。各保护区化学需氧量超标现象较为普遍，近 5 年约有 40% 的保护区化学需氧量超标。活性磷酸盐是保护区的另一大重要超标物质，近 5 年活性磷酸盐超标的保护区比例均在 30% 以上。石油类超标情况呈逐年升高的趋势，2013 年超标保护区比例达到峰值为 28%。各保护区溶解氧超标率波动较为剧烈，2012 年、2014 年超标率较低，其他年份超标率较高。总体来看，渤海区各保护区污染物超标现象较为普遍，黄海区各保护区的污染物超标现象好于渤海区。

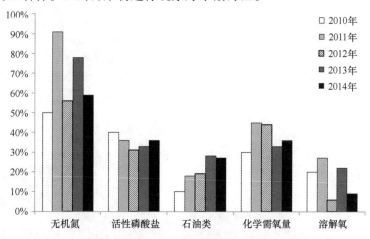

图 3-99　山东省国家级海洋自然/特别保护区污染物超标率

截至 2014 年，有 3 个保护区的水质监测指标均符合渔业水质标准和一类海水水质标准，占 13.6%。这 3 个保护区分别是乳山市塔岛湾海洋生态国家级海洋特别保护区、日照海洋公园、威海小石岛国家级海洋特别保护区。其他各保护区中均有不同程度的超标现象，主要超标物质为无机氮、活性磷酸盐、化学需氧量。符合二类水质标准保护区 6 个，占 27.3%；三类水质标准保护区 3 个；四类水质标准保护区 1 个；劣四类水质标准保护区 9 个，占 40.9%（表 3-28）。

表 3-28　山东省海洋自然/特别保护区水质及变化趋势

序号	保护区名称	2010 年	2011 年	2012 年	2013 年	2014 年	趋势
		超标物质	超标物质	超标物质	超标物质	超标物质	
1	乳山市塔岛湾海洋生态国家级海洋特别保护区			P、Oil	N、P	—	↑
2	日照海洋公园					—	↔
3	威海小石岛国家级海洋特别保护区			—	COD		↑
4	山东烟台牟平沙质海岸国家级海洋特别保护区			Oil	—	P、DO、COD	↓
5	威海刘公岛海洋生态国家级海洋特别保护区	N、P、Oil	—	N	N	N	↔
6	文登海洋生态国家级海洋特别保护区	N、DO	N、DO	DO、P、COD	N、DO、P	N、P、COD	↔

续表

序号	保护区名称	2010年 超标物质	2011年 超标物质	2012年 超标物质	2013年 超标物质	2014年 超标物质	趋势
7	山东蓬莱登州浅滩国家级海洋特别保护区				N	N	↑
8	山东海阳万米海滩海洋资源国家级海洋特别保护区			-	N	DO	↑
9	威海刘公岛国家级海洋公园					N、DO	↔
10	龙口黄水河口海洋生态国家级海洋特别保护区	N	N	N	N、COD	N	↑
11	山东长岛国家级海洋公园					Oil、DO	↔
12	山东滨州贝壳堤岛与湿地系统国家级自然保护区	N、DO、P、COD	N、DO、P	N、P、COD	N、DO、P、COD	N、COD	↑
13	山东莱州浅滩海洋生态国家级海洋特别保护区				N、COD	N、COD	↑
14	山东昌邑国家级海洋生态特别保护区	N、P、Oil、COD	N、COD	N	N、P、Oil	N、P、COD	↔
15	东营黄河口生态国家级海洋特别保护区	P	N	N、Oil、COD	N、P、Oil、COD	N	↔
16	东营利津底栖鱼类生态国家级海洋特别保护区	N、DO、COD	N、COD	N、COD	N、DO、Oil	N、Oil、COD	↓
17	东营河口浅海贝类生态国家级海洋特别保护区	N、P	N、P	N、COD	N	N、P、Oil	↔
18	东营广饶沙蚕类国家级海洋特别保护区	N、P、COD	N、DO、P、Oil、COD	N、P、COD	N、P、Oil、COD	N、P、Oil	↔
19	东营莱州湾蛏类生态国家级海洋特别保护区	N、P	N、Oil、COD	N、COD	N、Oil	N、P、Oil、COD	↔
20	山东烟台芝罘岛群国家级海洋特别保护区		N、P、COD	-	N	N、P、DO、COD	↔
21	山东莱阳五龙河口滨海湿地国家级海洋特别保护区			N、P	N、DO、P、COD	N、P、COD	↔
22	大乳山国家级海洋公园					N、P、Oil	↔
备注	一类　　二类　　三类　　四类　　　　　　　　　　　劣四类						
	N：无机氮；P：活性磷酸盐；Oil：石油类；COD：化学需氧量；DO：溶解氧						

近5年监测的国家级海洋自然/特别保护区，水环境质量上升的保护区有7个，分别为乳山市塔岛湾海洋生态国家级海洋特别保护区、威海小石岛国家级海洋特别保护区、山东蓬莱登州浅滩国家级海洋特

别保护区、山东海阳万米海滩海洋资源国家级海洋特别保护区、龙口黄水河口海洋生态国家级海洋特别保护区、山东滨州贝壳堤岛与湿地系统国家级自然保护区、山东莱州浅滩海洋生态国家级海洋特别保护区；水环境质量下降的保护区有 2 个；持平的有 13 个。山东国家级海洋自然/特别保护区水环境总体质量得到一定程度的改善，但仍有部分保护区水环境质量呈下降趋势，对环境的保护工作不容放松。

3.3.1.2　沉积环境

对各保护区沉积物样品进行硫化物、有机碳、石油类、铜、锌、铅、镉、汞、砷的监测，监测结果显示，近 5 年各保护区沉积物质量稳定，所有项目均符合海洋沉积物质量一类标准要求。

3.3.1.3　海洋生物生态

1）浮游植物

浮游植物是指在水流运动的作用下，被动地漂浮在水层中的单细胞植物，浮游植物虽然个体小，但是在海洋生态系统中占有非常重要的地位。它们的数量多、分布广，是海洋生产力的基础，也是海洋生态系统能量流动和物质循环的最主要环节。由于其营随波逐流的生活方式，使其对栖息的生境中的各种环境因子有着较强的依赖性。因此浮游植物的种类组成特点和数量分布等生态特征，在一定程度上反映了海域生态环境的基本特征。

2010—2014 年浮游植物种类组成以硅藻和甲藻为主，多样性指数范围 0.06~3.85。2010 年浮游植物多样性指数为一般（$1 \leqslant H' < 2$）；2011 年浮游植物多样性指数偏低（$H' < 1$）、一般（$1 \leqslant H' < 2$）、较高（$H' \geqslant 2$）的保护区比例分别为 33.30%、44.40%、22.20%；2012 年分别为 12.50%、43.80%、43.70%；2013 年分别为 11.10%、33.30%、55.60%；2014 年分别为 5%、25%、70%。从近 3 年变化趋势来看，各保护区浮游植物多样性指数呈明显的上升趋势（图 3-100）。

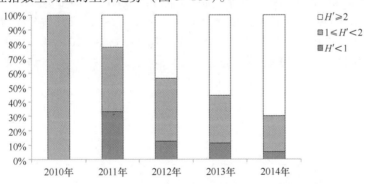

图 3-100　不同浮游植物 H' 类别保护区比例

2）浮游动物

浮游动物作为海洋生态物质循环和能量流动中的重要环节，其动态变化控制着初级生产力的节律、规模和归宿，同时控制着鱼类资源的变动。因此浮游动物的动态变化和生产力的高低，对于整个海洋生态系统结构功能、生态容纳量以及生物资源补充量都有十分重要的影响。浮游植物生产的产物基本上要通过浮游动物这个环节才能被其他动物所利用。浮游动物通过摄食影响或控制初级生产力，同时其种群动态变化又可能影响许多鱼类动物资源群体的生物量。

2011—2014 年浮游动物种类组成以桡足动物、浮游幼虫为主，多样性指数范围 0.29~3.14。2011 年浮游动物多样性指数偏低（$H' < 1$）、一般（$1 \leqslant H' < 2$）、较高（$H' \geqslant 2$）的保护区比例分别为 50%、25%、25%；2012 年分别为 18.75%、31.25%、50%；2013 年分别为 11.11%、44.44%、44.45%；2014 年浮游动物采集到 80 种（类），明显高于往年同期，大型浮游动物多样性指数偏低（$H' < 1$）的保护区占 5%，多样性指数一般（$1 \leqslant H' < 2$）的保护区占 35%，多样性指数较高（$H' \geqslant 2$）的保护区占 60%；各保护区浮

游动物多样性指数总体呈升高趋势（图 3-101）。

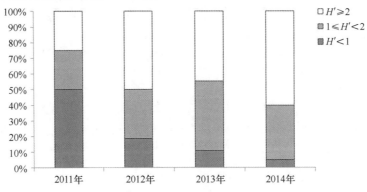

图 3-101 不同浮游动物 H' 类别保护区比例

3）底栖生物

底栖生物是由生活在海洋基底表面或沉积物中的各种生物所组成的生态类群，在海洋生态系统的食物链中占相当重要的地位。底栖生物门类众多，位于食物链的第二或更高的层次，它们是以浮游或底栖植物、动物或有机碎屑为食物，又是许多经济鱼、虾、蟹类的主要饵料。通过底栖生物的生产者、消费者和分解者营养关系，水层沉降的有机碎屑得以充分利用，并且促进营养物质的分解，在海洋生态系统的能量流动和物质循环中起很重要的作用。此外，很多底栖生物也是人类可直接利用的海洋生物资源。

2011—2014 年各保护区底栖生物种类组成以软体动物、环节动物和节肢动物为主，多样性指数范围 0.06~3.67。2011 年底栖生物多样性指数偏低（$H'<1$）、一般（$1≤H'<2$）、较高（$H'≥2$）的保护区比例分别为 50%、25%、25%；2012 年分别为 6.25%、25%、68.75%；2013 年分别为 11.11%、27.78%、61.11%；2014 年分别为 28.57%、19.05%、52.38%。各保护区底栖生物多样性指数 2012 年较好，之后逐步回落（图 3-102）。

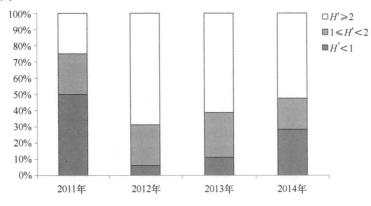

图 3-102 不同底栖生物 H' 类别保护区比例

4）潮间带生物

潮间带生物又称潮汐带生物，为栖息于有潮区的最高高潮线至最低低潮线之间的海岸带（潮间带）的一切生物的总称。由于该带介于陆、海间，交替地受到空气和海水淹没的影响，且常有明显的昼夜、月和年度的周期性变化，因而其生物具有两栖性、节律性、分带性等生态特征。潮间带是我们亲近海洋时，最先接触的地方；同时，它也是最容易受到人类破坏的地方，海边废土及垃圾的倾倒，污水、废水污染，都让潮间带生物面临更大的生存压力。潮间带环境也因地方的不同而有所差异，生活在其间的生物也都不一样。因此，一方面潮间带生物在潮间带生态系统的物质传输和能量流动中扮演了非常重要的角色，另一方面许多潮间带生物作为环境污染状况的指示生物，对我们了解潮间带环境状况，从而更好地保护环境和恢复生态系统提供了重要依据。此外，许多潮间带生物也是人类可直接利用的海洋生物资源。

2011—2014 年各保护区潮间带生物种类组成以多毛类、软体动物和节肢动物为主，多样性指数范围 0.29~2.91。2011 年潮间带生物多样性指数偏低（$H'<1$）、一般（$1\leqslant H'<2$）的保护区比例分别为 50%、50%；2012 年潮间带生物多样性指数偏低（$H'<1$）、一般（$1\leqslant H'<2$）、较高（$H'\geqslant2$）的保护区比例分别为 16.67%、33.33%、50%；2013 年分别为 55.56%、33.33%、22.22%；2014 年分别为 33.33%、25%、41.67%。近 5 年各保护区潮间带生物多样性指数总体波动较为剧烈（图 3-103）。

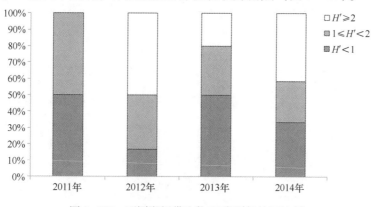

图 3-103　不同潮间带生物 H' 类别保护区比例

3.3.1.4　主要保护对象变化情况及评价

2014 年，监测的 22 个海洋自然/特别保护区中保护对象呈发展、稳定趋势的有 19 个，呈衰变趋势的有 2 个（表 3-29，图 3-104）。

表 3-29　2014 年山东省海洋自然/特别保护区保护对象变化情况

保护区名称	保护对象	变化动态
滨州贝壳堤岛与湿地系统国家级自然保护区	贝壳堤、滨海湿地	稳定
东营河口浅海贝类生态国家级海洋特别保护区	文蛤、四角蛤等贝类	稳定
东营利津底栖鱼类生态国家级海洋保护区	以半滑舌鳎为主的底栖鱼类	发展
东营黄河口生态国家级海洋特别保护区	对虾、文蛤、梭子蟹、鲈鱼、黄河口刀鱼、黄河口大闸蟹等黄河口特有的海洋经济种类	发展
东营莱州湾蛏类生态国家级海洋特别保护区	小刀蛏、大竹蛏等蛏类	稳定
东营广饶沙蚕类国家级海洋特别保护区	日本刺沙蚕及双齿围沙蚕	衰变
昌邑国家级海洋生态特别保护区	柽柳林生态系统	稳定
莱州浅滩海洋生态国家级海洋特别保护区	沙质资源	稳定
龙口黄水河口海洋生态国家级海洋特别保护区	河口浅滩自然地貌及底栖生物多样性	稳定
蓬莱登州浅滩国家级海洋特别保护区	浅滩砂矿资源和重要经济生物的栖息繁衍地和洄游通道	稳定
烟台芝罘岛群国家级海洋特别保护区	岛礁	稳定
烟台牟平砂质海岸国家级海洋特别保护区	海砂资源、海洋生物重要栖息地	发展、稳定

保护区名称	保护对象	变化动态
威海小石岛国家级海洋生态特别保护区	小石岛、刺参	稳定
威海刘公岛海洋生态国家级海洋特别保护区	牙石岛、黑鱼岛、青岛、黄岛、连林岛、大泓岛、小泓岛的岛陆植被及海岛天然岸线	稳定
文登海洋生态国家级海洋特别保护区	松江鲈鱼	稳定
乳山市塔岛湾海洋生态国家级海洋特别保护区	西施舌、菲律宾蛤仔、岛礁	稳定
海阳万米海滩海洋资源国家级海洋特别保护区	沙质海岸	稳定
莱阳五龙河口滨海湿地国家级海洋特别保护区	五龙河河口湿地	衰变
长岛国家级海洋公园	独特的原生态环境、野生动物栖息地、多样性的海洋生物和岛屿岩礁群	稳定
威海刘公岛国家级海洋	刘公岛、日岛历史遗迹和自然岸线及景观	稳定
大乳山国家级海洋公园	沙滩、岩礁、湿地	稳定

图 3-104 山东省海洋自然/特别保护区保护对象变化情况

海洋保护区的建设，构成了山东省的海洋保护区网络体系和海洋生态安全屏障，对于保护山东省各类典型海洋生态系统、珍稀濒危海洋生物物种和珍奇海洋自然遗迹，构建生态保护与资源开发相互协调的新型海洋生态保护模式，促进海洋生态文明建设等方面发挥了巨大的积极作用。近5年监测结果显示，山东省海洋保护区建设成效较为显著，呈稳定及发展的保护区比例达87%。

3.3.1.5 保护区生境、主要保护对象变化情况原因分析

威海小石岛国家级海洋特别保护区、威海刘公岛海洋生态国家级海洋特别保护区、龙口黄水河口海洋生态国家级海洋特别保护区由于地理位置远离市区，自然环境良好，受人为活动干扰较少，保护对象资源保持良好。昌邑国家级海洋生态特别保护区、海阳万米海滩海洋资源国家级海洋特别保护区由于保护和治理的措施得力，污染物减少，保护区资源得到了恢复。滨州贝壳堤岛与湿地国家级自然保护区被山东省划入渤海海洋生态红线区，为该保护区的进一步恢复和发展带来利好消息。莱州浅滩海洋生态国家级海洋特别保护区、蓬莱登州浅滩国家级海洋特别保护区、烟台牟平沙质海岸国家级海洋特别保护区、文登海洋生态国家级海洋特别保护区、莱阳五龙河口滨海湿地国家级海洋特别保护区则由于人工捕捞强度的加大、陆源污染物的增多，以及人工养殖、港口建设、物种入侵等不利因素，其主要保护对象从中长期来看，具有衰退的趋势。虽然各地政府加大了管理力度，采取了增殖放流等补偿方式，但由于许多破坏造成了不可逆的影响，加之不断增加的生态环境压力，其资源恢复状况不容乐观。

部分保护区的生态环境质量下降、保护对象资源衰退，主要受自然因素和人为因素影响。

1）自然因素

（1）灾害天气：海冰、风暴潮、强降雨等海洋灾害天气频发，在一定程度上影响了保护区内生物的生长、繁殖。特别是近年来持续时间较长的强降雨，短时间内引起近海海水盐度变化较大，可能对浅海的保护区生物产生不利影响。

（2）降水与海浪侵蚀：部分自然遗迹由于长期受到雨水和海浪的侵蚀，出现风化现象，对自然保护区的恢复与发展提出了新的挑战。

（3）物种入侵：外来物种由于生长、繁殖速度快，缺乏天敌，导致保护区内潮间带滩涂湿地根生植物种类和分布发生变化。如 20 世纪 70 年代为了抵御风浪、保滩护岸，大米草被移植到莱阳五龙河口滨海湿地。近年来大米草分布面积在逐步扩大，生长茂盛。因其生长密集，抗逆性与繁殖力极强，导致滩涂生态失衡，滩涂上由赤碱蓬形成的"红地毯"面积正在缩小，对潮间带动物和鸟类的生存环境也造成较大压力。

（4）自然环境污染：保护区附近有河流入海，大量淡水流入虽然调节了海水盐度，带来了丰富的有机质和营养盐，对于促进浮游植物的繁殖作用显著，为贝类的繁殖、生长、育肥具有较大的促进作用，但也可能带来大量陆源污染物，对于保护区的建设和发展也具有一定的消极影响。

2）人为因素

（1）人工养殖：邻近保护区甚至保护区海水养殖，大部分简单粗放、技术含量低。与保护对象竞争生存空间的同时养殖生物的排泄物、尸体分解、污水排放等导致附近海水无机氮等的含量异常升高，特别是在水交换能力差的海域影响更为明显。

（2）过度捕捞：根据资源调查与专家评估结果，现有海洋捕捞能力已超过资源承受能力。长期以来粗放式、掠夺式的捕捞生产方式，大量非传统渔业劳动力的无序涌入，使海洋生物资源承受着日益巨大的压力。

（3）海岸带工程建设：保护区附近海岸带的大规模施工如滨海新城和大型港口、防波堤的建设，会给保护区带来负面影响。如五龙河口滨海湿地国家级海洋特别保护区附近丁字湾海上新城建设，新城的发展重点是海岸整治、游艇产业、房地产产业、海洋高新科技产业等，新城建设在给当地带来巨大变化的同时，也对保护区周边地貌产生影响。

（4）企业污水排放：部分保护区附近有污水处理厂、电厂等企业，污水处理厂的污水虽然经过处理，但长期、大规模地排放也难免对海水水质产生影响；虽然电厂排放的废水有害物质可能不超标，但其温度往往远远高于海水，长期排放必定对附近海洋生物造成影响。

3.3.1.6　保护与管理中存在的问题

国家级海洋自然/特别保护区的建立，对保护山东省重要海洋景观资源、海洋生物资源和具代表性海域生态系统发挥了一定作用，但由于各方面的原因，目前国家级海洋自然/特别保护区的保护和管理还存在问题，主要体现在以下 4 个方面。

1）法律不健全，难以满足需求

我国虽然已经初步建立了保护区的法规体系，但仍缺乏专门的、完善的、操作性强的法律，难以满足不断发展的工作需要。首先，当前的一些有关海洋保护区保护的规章、办法，如《海洋自然保护区管理办法》，仅仅是部门规章，缺乏可操作性的实施细则，法律地位和约束力相对较低，制约了成效。其次，现有的法规体系无法满足复杂艰巨的海洋资源与生态环境保护管理的特殊需求，缺乏针对性。

2）管理混乱，权责不明

《海洋自然保护区管理办法》规定，沿海省、自治区、直辖市海洋管理部门负责研究制定本行政区域毗邻海域内海洋自然保护区规划；提出国家级海洋自然保护区选划建议；主管本行政区域毗邻海域内海洋自然保护区选划、建设、管理工作。保护区管理工作任务繁杂，缺少专职人员处理日常事务，管理水平有待提高。由于开发建设用地紧张，地方政府把本该属于海洋部门管理、应该颁发海域使用权证书的部分海域换成土地使用权证书，造成管理混乱。

3）投入不足，科研工作滞后

保护区建立之初，国家投入资金建设了部分基础设施，但由于海上气候原因部分设施损坏甚至丢失，而日常维护费用很难列入当地财政预算，只依靠当地渔业主管部门筹措资金难以维持，造成部分保护设施不健全。我国的海洋保护区的工作重心在于管理，科研工作相对滞后。目前，保护区的科研工作主要集中在海洋生态观测，如海洋水文要素、海水水质、底质、资源、海洋生物种群结构及其变化等，管理监控系统的研究，预警系统的完善等。这些工作是建区和管区的最基本需要，都还不够深入。同时，自然保护区建设是一项专业性和技术性都很强的工作，目前我国在这方面的科学研究还不够深入，许多关于生境保护和恢复、繁育技术、遗传技术、基因技术和信息技术等理论和应用的研究还停留在较低层次上，与保护工作对科技的要求有很大差距，这已成为制约海洋保护事业发展的一大瓶颈。

4）观念落后，管理方式待转变

我国目前海洋监测领域极为有限，有待进一步拓展。在监测对象上，主要表现为对水质、沉积物、生物体内污染物的常规监测和事后监测，而事前的预防性监测则很少。海洋保护区的管理工作重心往往放在管理上，对保护区资源调查、保护等方面的科研技术工作相对滞后，未能及时掌握保护区生态环境状况、资源种群结构及其变化情况。如何变"事后监测"为"预防性监测"，如何变"强制性保护"为"保护性利用"，从长远来看，是需要解决的问题。

3.3.1.7 保护与管理对策建议

为充分发挥国家海洋自然/特别保护区的作用，维持保护区生态环境稳定，进一步保护和利用区内资源，针对国家海洋自然/特别保护区管理现状，建议如下。

（1）完善海洋自然/特别保护区相关法律法规体系，进一步充实保护区管理机构，配备专职、专业人员对保护区进行有效管理。

（2）建立保护区监测常态化机制，依托现有的科研院所、海洋环境监测站等机构，定期对保护区资源、环境进行调查，为保护区的管理和利用提供科学的技术支撑。为保证数据的科学性、可比性，山东省应统一制定一套调查实施细则或规范，加强数据统计的填报管理，为保护区的管理决策提供支持。

（3）海洋具有整体性和流动性，某个海域的海洋环境不仅仅取决于该海域的本底状况及该海域内的人类活动，一定海域内的环境状况更与其周边陆地经济活动及陆源污染物排放密切相关，因此，探索一条陆地环境部门及相关企事业单位共同协作的路子，是海洋保护区综合管理的必经之路。

（4）积极宣传贯彻《中华人民共和国海洋环境保护法》、《中华人民共和国自然保护区条例》、《海洋自然保护区管理办法》等相关的法律法规，加大管理力度，减少人为破坏，保证保护区生态系统的稳定与发展。

（5）根据现实要求和长远目标，开展保护区水质、沉积物、海洋水文等的精细化调查与科研工作，建立从基因、物种到生态系统的综合数据库，从长远来看，做到通过数据体现保护区生态与环境的演变。

3.3.2 山东省国家级水产种质资源保护区趋势变化

水产种质资源保护区，是指为保护水产种质资源及其生存环境，在具有较高经济价值和遗传育种价值的水产种质资源的主要生长繁育区域，依法划定并予以特殊保护和管理的水域、滩涂及其毗邻的岛礁、陆域，依据《水产种质资源保护区管理暂行办法》进行管理。国家级水产种质保护区的建立对保护国家重点经济水生动植物和地方珍稀特有水生物种、强化保护水生生物多样性和水域生态系统完整性等具有重要意义。

截至 2014 年底，山东省共建立涉海国家级水产种质资源保护区 25 个，保护面积 104 270.269 hm^2；

建立涉海省级水产种质保护区 23 个，保护面积 155 055.8 hm²；共建立国家级、省级水产原种场 66 个（除青岛），其中涉海国家级原种场 4 个，涉海省级原种场 15 个（图 3-105）。2012—2014 年山东省全面开展国家级水产种质资源保护区监测评价工作，其中 2012 年、2013 年及 2014 年分别开展工作的保护区数量为 20 个、21 个和 24 个（表 3-30）。

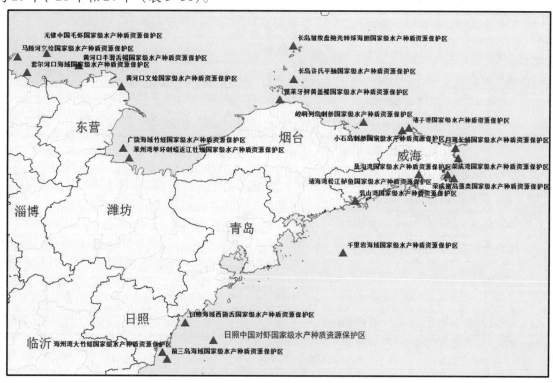

图 3-105　山东省国家级水产种质资源保护区分布

表 3-30　山东省国家级水产种质资源保护区监测时间

序号	保护区名称	所在地区	保护物种	2012 年	2013 年	2014 年
1	马颊河文蛤国家级水产种质资源保护区	滨州	文蛤	√	√	√
2	套尔河口海域国家级水产种质资源保护区	滨州	缢蛏	√	√	√
3	黄河口文蛤国家级水产种质资源保护区	东营	文蛤	√	√	√
4	黄河口半滑舌鳎国家级水产种质资源保护区	东营	半滑舌鳎	√	√	√
5	广饶海域竹蛏国家级水产种质资源保护区	东营	竹蛏	√	√	√
6	莱州湾单环刺螠近江牡蛎国家级水产种质资源保护区	潍坊	单环刺螠近江牡蛎	√	√	√
7	长岛皱纹盘鲍光棘球海胆国家级水产种质资源保护区	长岛	皱纹盘鲍、光棘球海胆	√	√	√
8	长岛许氏平鲉国家级水产种质资源保护区	长岛	许氏平鲉	√	√	√
9	蓬莱牙鲆黄盖鲽国家级水产种质资源保护区	蓬莱	牙鲆、黄盖鲽	√	√	√
10	崆峒列岛刺参国家级水产种质资源保护区	烟台	刺参	√	√	√
11	威海小石岛刺参国家级水产种质资源保护区	威海	刺参			√

序号	保护区名称	所在地区	保护物种	2012年	2013年	2014年
12	靖子湾国家级水产种质资源保护区	威海	花鲈	√	√	√
13	荣成湾国家级水产种质资源保护区	荣成	栉孔扇贝、紫海胆	√	√	√
14	桑沟湾国家级水产种质资源保护区	荣成	魁蚶	√	√	√
15	靖海湾松江鲈鱼国家级水产种质资源保护区	文登	松江鲈鱼	√	√	√
16	乳山湾国家级种质资源保护区	乳山	泥蚶	√	√	√
17	千里岩海域国家级水产种质资源保护区	海阳	刺参、皱纹盘鲍	√	√	√
18	日照西施舌国家级水产种质资源保护区	日照	西施舌	√	√	√
19	海州湾大竹蛏国家级水产种质资源保护区	日照	大竹蛏	√	√	√
20	前三岛海域国家级水产种质资源保护区	日照	金乌贼	√	√	√
21	荣成楮岛藻类国家级水产种质资源保护区	荣成	大叶藻、石花菜、马尾藻		√	√
22	日照中国对虾国家级水产种质资源保护区	日照	中国对虾			√
23	无棣中国毛虾国家级水产种质资源保护区	滨州	中国毛虾			√
24	月湖长蛸国家级水产种质资源保护区	荣成	长蛸			√
25	灵山岛皱纹盘鲍、刺参国家级水产种质资源保护区	青岛	皱纹盘鲍、刺参			

3.3.2.1 水环境

2012—2014年水产种质资源保护区监测结果显示：无机氮是各保护区的首要超标物质，半数以上保护区无机氮存在超标现象，2012年无机氮超标严重，75%的保护区无机氮超标，2014年有所回落，超标率约为62.5%。化学需氧量也是各保护区的主要超标物质，30%左右的保护区存在化学需氧量超标现象，活性磷酸盐超标现象也较为普遍，超标率在5%～25%之间，2012年21%的保护区石油类超标，2014年溶解氧超标较严重，超标保护区约占45%。总体来看，渤海区各保护区污染物超标现象较为普遍，黄海区各保护区污染物超标现象明显好于渤海区（图3-106、表3-31）。

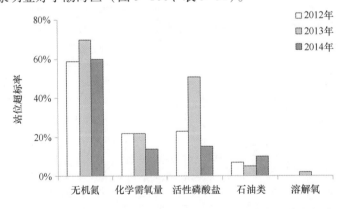

图3-106 山东省国家级水产种质资源保护区污染物站位超标率

表 3-31　山东省国家级水产种质资源保护区分布及变化趋势

序号	保护区名称	2012 年超标物质	2013 年超标物质	2014 年超标物质	趋势
1	长岛许氏平鲉国家级水产种质资源保护区		—	—	↔
2	靖子湾国家级花鲈水产种质资源保护区	—	—	—	↔
3	千里岩海域国家级水产种质资源保护区	N	N	—	↑
4	前三岛海域国家级水产种质资源保护区	—	—	—	↔
5	日照中国对虾国家级水产种质资源保护区		—	—	↔
6	荣成楮岛藻类国家级水产种质资源保护区		—	—	↔
7	桑沟湾魁蚶国家级水产种质资源保护区	N、COD	N	—	↑
8	小石岛刺参国家级水产种质资源保护区	—	—	—	↔
9	海州湾大竹蛏国家级水产种质资源保护区	P	P	N	↔
10	靖海湾松江鲈鱼国家级水产种质资源保护区	COD	N、P	N、P	↔
11	日照海域西施舌国家级水产种质资源保护区	—	P	P	↓
12	荣成湾国家级水产种质资源保护区	N	N	N	↔
13	月湖长蛸国家级水产种质资源保护区			N	↔
14	长岛皱纹盘鲍光棘球海胆保护区		N	N	↔
15	山东蓬莱牙鲆黄盖鲽国家级水产种质资源保护区		N	N	↔
16	崆峒列岛刺参国家级水产种质资源保护区		N	N	↑
17	马颊河文蛤国家级种质资源保护区	N	N、P、COD	N、COD	↓
18	广饶海域竹蛏国家级水产种质资源保护区	N、COD、Oil	N、P、COD	N、P、COD	↓
19	黄河口半滑舌鳎国家级水产种质资源保护区	N、COD、Oil	N、COD	N、COD	↓
20	黄河口文蛤国家级水产种质资源保护区	N、Oil	N、COD	N、COD	↓
21	莱州湾单环刺螠近江牡蛎国家级水产种质资源保护区		N、P、COD	N、P、COD	↔
22	乳山湾国家级种质资源保护区		N、P	N、P	↔
23	套尔河口海域国家级水产种质资源保护区	N、P、COD	N、P、DO	N、COD	↓
24	无棣中国毛虾国家级水产种质资源保护区		N、P	N、COD	↓
备注	一类　　二类　　三类　　四类　　劣四类				
	N：无机氮；P：活性磷酸盐；Oil：石油类；COD：化学需氧量；DO：溶解氧				

截至 2014 年，有 8 个保护区的水质监测指标均符合渔业水质标准和一类海水水质标准，占 34%。这 8 个保护区分别是长岛许氏平鲉国家级水产种质资源保护区、千里岩海域国家级水产种质资源保护区、前三岛海域国家级水产种质资源保护区、日照中国对虾国家级水产种质资源保护区、荣成楮岛藻类国家级水产种质资源保护区、桑沟湾魁蚶国家级水产种质资源保护区、威海小石岛刺参国家级水产种质资源保护区、靖子湾国家级水产种质资源保护区；符合二类水质标准保护区有 5 个，占 20.8%；三类、四类保护区分别有 2 个；劣四类保护区有 7 个，占 29.2%。

其他各保护区中均有不同程度的超标现象，主要超标物质为无机氮、活性磷酸盐、化学需氧量。近 3 年监测的国家级水产种质资源保护区，水环境质量上升的保护区有 3 个，分别为千里岩海域国家级水产种质资源保护区、桑沟湾魁蚶国家级水产种质资源保护区和崆峒列岛刺参国家级水产种质资源保护区；水环境质量下降的保护区有 7 个；持平的有 14 个。山东省国家级水产种质资源保护区水环境总体质量下降趋势未见明显改善，环境保护形势依然严峻。

3.3.2.2　沉积环境

对各保护区沉积物样品进行硫化物、有机碳、石油类、铜、锌、铅、镉、汞、砷的监测，监测结果显示，近 3 年各保护区沉积物质量稳定，所有项目均符合海洋沉积物质量一类标准要求。

3.3.2.3 海洋生物生态

1）浮游植物

浮游植物是指在水流运动的作用下，被动地漂浮在水层中的单细胞植物，浮游植物虽然个体小，但是在海洋生态系统中占有非常重要的地位。它们的数量多、分布广，是海洋生产力的基础，也是海洋生态系统能量流动和物质循环的最主要环节。由于其营随波逐流的生活方式，使其对栖息的生境中的各种环境因子有着较强的依赖性。因此浮游植物的种类组成特点和数量分布等生态特征，在一定程度上反映了海域生态环境的基本特征。

2012—2014年浮游植物种类组成以硅藻和甲藻为主，多样性指数范围0.06~3.64。2012年浮游植物多样性指数偏低（$H'<1$），一般（$1\leq H'<2$），较高（$H'\geq 2$）的保护区比例分别为16.7%、25.0%、58.3%；2013年分别为7.1%、21.4%、71.4%；2014年浮游植物种类共采集到106种（类），明显高于往年同期，各保护区浮游植物平均多样性指数未见偏低现象（均$H'\geq 1$），多样性指数一般（$1\leq H'<2$）的保护区占30.4%，多样性指数较高（$H'\geq 2$）的保护区占69.6%。从近3年的变化趋势来看，各保护区浮游植物多样性指数呈明显上升趋势（图3-107）。

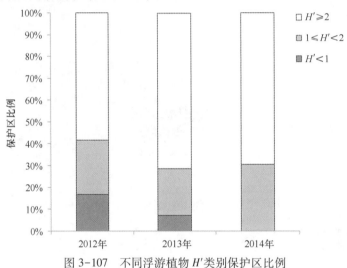

图3-107 不同浮游植物H'类别保护区比例

2）浮游动物

浮游动物作为海洋生态物质循环和能量流动中的重要环节，其动态变化控制着初级生产力的节律、规模和归宿，同时控制着鱼类资源的变动。因此浮游动物的动态变化和生产力的高低，对于整个海洋生态系统结构功能、生态容纳量以及生物资源补充量都有十分重要的影响。浮游植物生产的产物基本上要通过浮游动物这个环节才能被其他动物所利用。浮游动物通过摄食影响或控制初级生产力，同时其种群动态变化又可能影响许多鱼类动物资源群体的生物量。

2012—2014年浮游动物种类组成以桡足动物、浮游幼虫为主，密度范围为$7.02\times 10^3 \sim 4.66\times 10^3$个/$m^3$，多样性指数范围1.21~3.25，各保护区未见指数偏低现象。2012年浮游动物多样性指数一般（$1\leq H'<2$）、较高（$H'\geq 2$）的保护区比例分别为36.4%、63.6%；2013年多样性指数一般、较高的保护区各占50%；2014年浮游动物采集到88种（类），明显高于往年同期，各保护区大型浮游动物多样性指数均大于1，多样性指数一般（$1\leq H'<2$）的保护区占18.2%，多样性指数较高（$H'\geq 2$）的保护区占81.8%；各保护区浮游动物多样性指数总体呈升高趋势（图3-108）。

3）底栖生物

底栖生物是由生活在海洋基底表面或沉积物中的各种生物所组成的生态类群，在海洋生态系统的食

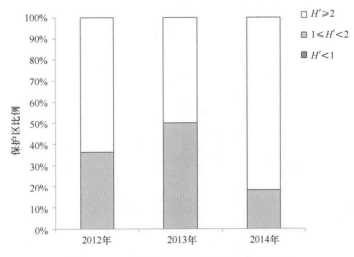

图 3-108　不同浮游动物 H' 类别保护区比例

物链中占相当重要的地位。底栖生物门类众多，位于食物链的第二或更高的层次，它们是以浮游或底栖植物、动物或有机碎屑为食物，又是许多经济鱼、虾、蟹类的主要饵料。通过底栖生物的生产者、消费者和分解者营养关系，水层沉降的有机碎屑得以充分利用，并且促进营养物质的分解，在海洋生态系统的能量流动和物质循环中起很重要的作用。此外，很多底栖生物也是人类可直接利用的海洋生物资源。

2012—2014 年各保护区底栖生物种类组成以软体动物、环节动物和节肢动物为主，生物量范围 6.99～1 066.37 g/m^2，多样性指数范围 0.39～4.04。2012 年底栖生物多样性指数偏低（$H'<1$）、一般（$1 \leqslant H' < 2$）、较高（$H' \geqslant 2$）的保护区比例分别为 33.3%、33.3%、33.3%；2013 年分别为 21.4%、21.4%、57.1%；2014 年底栖生物共采集到 186 种（类），明显高于往年同期，多样性指数偏低（$H'<1$）的保护区占 9%，多样性指数一般（$1 \leqslant H' < 2$）的保护区占 27%，多样性指数较高（$H' \geqslant 2$）的保护区占 63.6%。各保护区底栖生物多样性指数总体呈升高趋势（图 3-109）。

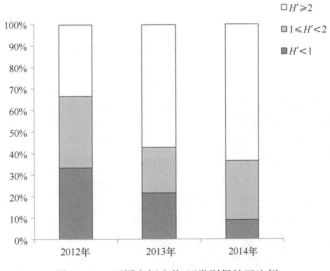

图 3-109　不同底栖生物 H' 类别保护区比例

3.3.2.4　主要保护对象和常见生物概况及评价

监测的 24 个国家级水产种质资源保护区的主要保护对象，除松江鲈鱼为国家二级野生保护动物外，其他均是具有较高经济价值的水产种类。由于国家级水产种质资源保护区缺乏管理、监测专项资金，多数保护区缺乏系统的海洋环境、资源量等历史数据的积累，近3年调查结果显示，资源保护良好及资源逐步恢复的保护区分别有6个（25%）、10个（42%），资源衰退的保护区数量为5个，占21%，因季节洄游未采集到保护物种的保护区3个（图3-110，表3-32）。

图3-110　水产种质资源保护区主要保护对象资源量评价

表3-32　水产种质资源保护区主要保护对象资源量评价

序号	保护区名称	主要保护对象	2012年	2013年	2014年
1	长岛许氏平鲉国家级水产种质资源保护区	许氏平鲉	良好	良好	良好
2	威海小石岛刺参国家级水产种质资源保护区	刺参	良好	良好	良好
3	靖子湾国家级水产种质资源保护区	花鲈	良好	良好	良好
4	海州湾大竹蛏国家级水产种质资源保护区	大竹蛏	良好	良好	良好
5	前三岛海域国家级水产种质资源保护区	金乌贼	良好	良好	良好
6	荣成楮岛藻类国家级水产种质资源保护区	藻类	良好	良好	良好
7	马颊河文蛤国家级水产种质资源保护区	文蛤	恢复	恢复	恢复
8	套尔河口海域国家级水产种质资源保护区	缢蛏	恢复	恢复	恢复
9	黄河口文蛤国家级水产种质资源保护区	文蛤	恢复	恢复	恢复
10	黄河口半滑舌鳎国家级水产种质资源保护区	半滑舌鳎	恢复	恢复	恢复
11	长岛皱纹盘鲍光棘球海胆国家级水产种质资源保护区	皱纹盘鲍 光棘球海胆	恢复	恢复	恢复
12	崆峒列岛刺参国家级水产种质资源保护区	刺参	恢复	恢复	恢复
13	荣成湾国家级水产种质资源保护区	栉孔扇贝、紫海胆	恢复	恢复	恢复
14	桑沟湾国家级水产种质资源保护区	魁蚶	恢复	恢复	恢复
15	日照西施舌国家级水产种质资源保护区	西施舌	恢复	恢复	恢复
16	月湖长蛸国家级水产种质资源保护区	长蛸	恢复	恢复	恢复
17	广饶海域竹蛏国家级水产种质资源保护区	竹蛏	良好	衰退	衰退
18	莱州湾单环刺螠近江牡蛎国家级水产种质资源保护区	单环刺螠、近江牡蛎	衰退	衰退	衰退
19	蓬莱牙鲆黄盖鲽国家级水产种质资源保护区	牙鲆、黄盖鲽	衰退	衰退	衰退
20	乳山湾国家级水产种质资源保护区	泥蚶	衰退	衰退	衰退
21	千里岩海域国家级水产种质资源保护区	刺参、皱纹盘鲍	衰退	衰退	衰退
22	靖海湾松江鲈鱼国家级水产种质资源保护区	松江鲈鱼	缺乏数据	缺乏数据	缺乏数据
23	日照中国对虾国家级水产种质资源保护区	中国对虾	缺乏数据	缺乏数据	缺乏数据
24	无棣中国毛虾国家级水产种质资源保护区	中国毛虾	缺乏数据	缺乏数据	缺乏数据

目前6个资源保护良好的保护区为小石岛刺参国家级水产种质资源保护区、靖子湾国家级水产种质资

源保护区、长岛许氏平鲉国家级水产种质资源保护区、海州湾大竹蛏国家级水产种质资源保护区、前三岛海域国家级水产种质资源保护区、荣成楮岛藻类国家级水产种质资源保护区。

小石岛刺参国家级水产种质资源保护区主要保护对象为刺参，经过近几年的生态恢复和保护工作，自然刺参资源量大幅度增加，2014 年小石岛保护区内刺参密度为 2~5 个/m²，在秋季水温适合时，岸边刺参随处可见。区内西港集团公司对所辖海域内的刺参原种资源十分重视，成立刺参原种场专门保护、管理浅海的刺参资源。该海域海胆资源较丰富，主要集中在保护区及邻近海区的威海影视城海域、小石岛海域、麻子港海域。目前发现的海胆主要为光棘球海胆、马粪海胆。保护区内同时有大量的鱼类、藻类和贝类资源，保护区的经济藻类主要有鼠尾藻、海带、裙带菜、石花菜、条斑紫菜、大叶藻等经济藻类。鼠尾藻、大叶藻营养丰富，是刺参的优质天然饵料，对刺参的生长和繁殖提供了优良的环境和饵料基础，目前该保护区资源保护情况良好。

靖子湾国家级水产种质资源保护区主要保护对象为花鲈，根据保护对象调查结果，由于保护区远离市区，地理位置属温带季风海洋大陆性气候，沿岸海水清新无污染，无人为干扰活动，保护区海域内每年会有大批花鲈在此海域进行产卵生长，靖子湾内花鲈资源量是湾外的 5 倍，且该海域生物量丰富，为花鲈幼鱼的生长提供了充足的饵料资源，目前该保护区资源保护情况良好。

长岛许氏平鲉国家级水产种质资源保护区主要保护对象为许氏平鲉。保护区地处渤海海峡，黄海、渤海交汇带，是黄渤海游泳生物洄游的通道，经济生物种类繁多，自然环境良好，受人为影响少，处于自然未开发状态。许氏平鲉主要分布于长岛车由岛海域，底质以岩礁、砾石为主，年产量约 1 191 t，鲅鱼年产 120 t，小杂鱼（黄鲫、鳀、青鳞等）年产 486 t。目前保护区生境状况较好，资源量较为稳定，保护区资源保护情况良好。

海州湾大竹蛏国家级水产种质资源保护区主要保护对象为大竹蛏。2014 年 9 月调查大竹蛏站位出现率为 60%。大竹蛏平均栖息密度为 6.0 个/m²，平均生物量为 37.10 g/m²。2013 年 9 月调查大竹蛏站位出现率为 60%，平均栖息密度为 3.0 个/m²，平均生物量为 16.70 g/m²。连续 3 年调查结果显示，大竹蛏站位出现率、平均栖息密度和生物量呈逐渐升高趋势。目前该保护区资源保护情况良好。

前三岛海域国家级水产种质资源保护区主要保护对象为金乌贼。该海域盛产多种海洋经济生物，其中鱼类 128 种，甲壳类 48 种，贝类 80 多种。为保护主要保护对象金乌贼，保护区管理机构定期在保护区内投放金乌贼附着基，为金乌贼提供了优越的产卵环境，使得金乌贼产卵量显著增加，有效地保护了金乌贼种质资源，目前该保护区资源保护情况良好。

荣成楮岛藻类国家级水产种质资源保护区主要保护对象为大叶藻。调查结果显示，大叶藻种质资源优势分布面积发展为 6 600 余亩，保护区外的大叶藻资源也有显著恢复，大叶藻生长高度平均达到 1.46 m。在保护区内大叶藻附着生物已发现 23 种，其中硅藻类 5 种，小型海藻 1 种，无脊椎动物 9 种。7 月初，花期结束，果实成熟及种子开始脱落（水温 21℃ 左右）。经测算，保护区内大叶藻潜在的种子产量为 7 638 粒/m²。此外，保护区内经济鱼类的苗种资源显著增加，刺参、贝类及章鱼等经济生物量明显增多，目前该保护区资源保护情况良好。

目前主要保护对象资源逐步恢复的保护区有 10 个，占 42%。包括马颊河文蛤国家级水产种质资源保护区、套尔河口海域国家级水产种质资源保护区、黄河口文蛤国家级水产种质资源保护区、黄河口半滑舌鳎国家级水产种质资源保护区、长岛皱纹盘鲍光棘球海胆水产种质资源保护区、崆峒岛刺参国家级水产种质资源保护区、荣成湾国家级水产种质资源保护区、桑沟湾国家级水产种质资源保护区、日照海域西施舌国家级水产种质资源保护区、月湖长蛸国家级水产种质资源保护区。

马颊河文蛤国家级水产种质资源保护区建立 4 年来，由于人为干扰减少，加上每年进行人工增殖播撒，使得文蛤保护区内文蛤等渔业资源得到了较好的恢复，生物资源量持续增加，不仅使保护区内生态环境得到良好改善，同时也取得较好效益。其中，文蛤在 2008 年年底产量大约 4 500 t，现在产量已达 6 500 t，年增长幅度近 10%；四角蛤蜊、蓝蛤等低值贝类在 2008 年年底产量为 12 000 t，现产量可达

15 500 t，年增长幅度近 7%，其他底栖贝类资源也有较大幅度提高，保护区内生物多样性得到明显提高。但在 2012—2014 年大型底栖生物调查中均未采集到文蛤样品。

套尔河口海域国家级水产种质资源保护区主要保护对象为缢蛏，其他保护对象包括青蛤、四角蛤蜊、中国对虾、梭鱼、鲈鱼、半滑舌鳎等 30 余种优质水产品。保护区设立以来，保护区内缢蛏等水产品种资源得到了有效保护，资源量有了明显恢复：2010 年，缢蛏密度为 8~9 粒/m²，年产缢蛏 640 t 余；2011 年，缢蛏密度为 20 粒/m²，年产缢蛏 1 140 t 余；2012 年，缢蛏密度为 26 粒/m²，年产缢蛏 1 450 t 余；2013 年调查缢蛏密度 10 粒/m²，2014 年未获得缢蛏样品。

黄河口文蛤国家级水产种质资源保护区主要保护对象为文蛤。2009 年秋季资源调查数据显示，保护区海域出现文蛤的站位频率为 57.1%，数量资源密度在 0~0.75 粒/m² 之间；2010 年秋季资源调查数据显示，保护区海域出现文蛤的站位频率为 90%，数量资源密度在 0~1.10 粒/m² 之间，而 2012—2014 年底栖生物调查时未发现文蛤。

黄河口半滑舌鳎国家级水产种质资源保护区主要保护对象为半滑舌鳎，2009 年秋季航次出现半滑舌鳎的站位频率为 33.3%，数量密度为 0~20 个/hm²；2010 年秋季航次出现半滑舌鳎的站位频率为 38.46%，数量密度为 0~60 个/hm²，资源量恢复明显。

长岛皱纹盘鲍光棘球海胆水产种质保护区内主要保护对象为皱纹盘鲍、光棘球海胆、刺参、栉孔扇贝，分布于长岛县北部岛屿南北隍城、大小钦岛海域。保护区内主要保护对象的年产量分别为刺参 7 070 t，海胆 1 460 t，鲍鱼 20 t，栉孔扇贝 111 209 t。其他海洋物种以游泳型的鱼类，埋栖型、附着型和固着型贝类和海洋藻类为主，其中，虾夷扇贝 11 250 t，其他贝类 89 071 t，海带 32 000 t，鱼类产量 92 452 t，虾蟹类 13 297 t，头足类 1 304 t，藻类 1 200 t，其他类 417 t。但 2014 年由于受"链状亚历山大藻"赤潮影响，保护区的保护品种均受到了不同程度的损害。

崆峒列岛刺参国家级水产种质资源保护区主要保护对象为刺参，在芝罘区沿海岩礁和泥沙底质广有分布。目前，崆峒岛海域主要资源品种有刺参、紫石房蛤等。1958 年芝罘区刺参产量曾高达 18 t，20 世纪 70 年代下降到 7 t 左右，20 世纪 80 年代仍在这个水平上下波动。保护区建立时平均密度为 1.25 个/m²，最大密度 2.6 个/m²。保护区成立后，资源状况有所恢复。

荣成湾国家级水产种质资源保护区主要保护对象为栉孔扇贝、紫海胆。据 2012—2014 年连续 3 年实地调查走访，发现野生栉孔扇贝、紫海胆数量明显增多，产量较往年分别增加了 20%、5%。应继续加强对珍贵的栉孔扇贝、紫海胆种质资源的保护。

桑沟湾国家级水产种质资源保护区主要保护对象为魁蚶。2010 年开始实施了魁蚶增殖放流，放流苗种规格为壳长 0.8~1 cm，对恢复魁蚶资源量起到了积极的推动作用。由于采取了魁蚶底播增殖的方式，加大了对魁蚶资源的保护力度，产量又开始逐步回升，年产量达到 4 000 t 左右。根据 2014 年 7 月的实地调查、走访结果，综合渔业企业、渔民提供的相关信息，目前魁蚶的资源量约为 0.3 个/m²，较 2013 年的 0.3 个/m² 相差不大。保护效果良好。

日照海域西施舌国家级水产种质资源保护区主要保护对象为西施舌。2012 年 8 月调查西施舌站位出现率为 25%，平均栖息密度为 2.5 个/m²，平均生物量为 4.00 g/m²。2013 年 9 月调查西施舌站位出现率为 50%，平均栖息密度为 2.5 个/m²，平均生物量为 10.825 g/m²；2014 年 9 月调查西施舌站位出现率为 75%，平均栖息密度为 17 个/m²，平均生物量为 66.32 g/m²。3 年调查结果比较，西施舌站位出现率、栖息密度及生物量逐年增高，资源呈恢复趋势。

月湖国家级水产种质资源保护区的主要保护对象为长蛸，通过对保护区现场调查，结合走访、收集资料等多种方式发现该保护区呈资源恢复趋势。

资源量衰退的保护区 5 个，占 21%。包括广饶海域竹蛏国家级水产种质资源保护区、莱州湾单环刺螠近江牡蛎国家级水产种质资源保护区、蓬莱牙鲆黄盖鲽国家级水产种质资源保护区、乳山湾国家级水产种质资源保护区保护区、千里岩海域国家级水产种质资源保护区。

广饶海域竹蛏国家级水产种质资源保护区在 2012 年调查中密度较为丰富，但在 2013—2014 年连续两年大型底栖生物调查中均未发现竹蛏。

莱州湾单环刺螠国家级水产种质资源保护区主要保护对象为单环刺螠、近江牡蛎。从 2006 年开始，随着单环刺螠网网目不断缩小和捕捞强度迅速增加，莱州湾单环刺螠产卵群体组成趋于低龄化、小型化，资源量不断减少，2009 年至今当地政府虽然加大了管理力度，资源量有了一定的恢复，但是资源恢复幅度不大。由于过度捕捞和海洋生态环境的逐渐恶化，保护区内近江牡蛎等海洋生物资源逐渐减少。

蓬莱牙鲆黄盖鲽国家级水产种质资源保护区主要保护对象为牙鲆、钝吻黄盖鲽。20 世纪 70—80 年代年单产达到 200 t。近年来，受过度捕捞和自身繁殖能力的影响，资源量越来越稀少，年单产不足 10 t。黄盖鲽产量近 3 年变化不大，当地渔民在 9 月休渔期后，可以拉网捕获一定数量的黄盖鲽，这与近年来大规模放流黄盖鲽有一定关系，但牙鲆数量从调查情况看不容乐观，在 9 月休渔期后捕获量极少。

乳山湾种质资源保护区内泥蚶数量锐减，经滩涂调查及拖网均未采集到任何泥蚶样品。询问当地渔民和相关管理部门得知，在 10 年前，滩涂上一个下午能采集到几十斤泥蚶，自 2010 年起乳山湾泥蚶开始大幅减少，2010 年偶尔在滩涂上能采集到少量泥蚶，而最近两年很难在滩涂中发现泥蚶，常见的菲律宾蛤仔数量也很少。在乳山湾内撒播贝类苗种，但收效甚微。通过现场调查和询问得知，目前泥蚶主要分布在乳山湾南面的塔岛湾，数量并不多。乳山湾整个保护区泥蚶资源形势严峻，急需采取措施加以修复。

千里岩海域国家级水产种质资源保护区主要保护对象为刺参、皱纹盘鲍。根据 2014 年 8 月的监测结果和实地调查走访资料，刺参总体数量较 2013 年有一定增加，2014 年的海参生物量局部数据为 4.41 g/m^2，与 2013 年的局部生物量 4.22 g/m^2 相比稍有增加，但与 2012 年的局部生物量 4.53 g/m^2 相比仍有所减少，根据当地渔民反映，皱纹盘鲍捕获量极少，与 2012 年及 2013 年走访结果一致，与 2010 年《海阳千里岩岛刺参皱纹盘鲍国家级水产种质资源保护区科学考察报告》中调查的数据 6.33 g/m^2 相差较大。

由于保护物种的季节洄游等原因，3 个保护区未采集到保护物种样本，占保护区总数的 12%。包括靖海湾松江鲈鱼国家级水产种质资源保护区、日照中国对虾国家级水产种质资源保护区和无棣中国毛虾国家级水产种质资源保护区。

其中靖海湾松江鲈鱼国家级水产种质资源保护区主要保护对象为松江鲈鱼。在淡水中成长的亲鱼，每年 11 月开始向河口洄游，进入浅海产卵。产卵盛期在 2 月下旬至 3 月上旬，产卵期结束后便返回淡水河流。本次监测在保护区海域未采集到松江鲈鱼。

日照中国对虾国家级水产种质资源保护区主要保护对象为中国对虾。本次监测在保护区海域未采集到中国对虾。

无棣中国毛虾国家级水产种质资源保护区主要保护对象为中国毛虾，20 世纪 80 年代以来，毛虾一度处于狂捕滥采状态，严重破坏了毛虾资源，使资源量几近枯竭。2012 年底无棣成立了中国毛虾国家级水产种质资源保护区，但本次监测在保护区海域未采集到中国毛虾。

3.3.2.5　保护区生境、主要保护对象变化情况原因分析

靖子湾国家级水产种质资源保护区、长岛许氏平鲉国家级水产种质资源保护区由于地理位置远离市区，自然环境良好，人为干扰少，保护对象资源保持良好。小石岛刺参国家级水产种质资源保护区由于建立国家级威海刺参原种场，威海西港水产有限公司派专职人员保护、管理浅海的刺参资源，使刺参资源得到有效的保护。前三岛海域国家级水产种质资源保护区采取在保护区内投放保护对象附着基的方式，为金乌贼提供了优越的产卵环境，使得金乌贼产卵量显著增加，有效地保护了金乌贼种质资源。黄河口文蛤国家级水产种质资源保护区等采用增殖放流的方式使保护对象的数量快速恢复。莱州湾单环刺螠国家级水产种质资源保护区、广饶海域竹蛏国家级水产种质资源保护区、蓬莱牙鲆黄盖鲽国家级水产种质资源保护区、千里岩海域国家级水产种质资源保护区以及乳山湾国家级水产种质资源保护区则由于捕捞网目的不断缩小和捕捞强度持续增加，其主要保护物种的群体组成趋于低龄化、小型化，资源量不断减

少，虽然各地政府加大了管理力度、采取了增殖放流等补偿方式，但由于其栖息地受到破坏，加之不断增加的生态环境压力，其资源恢复状况不容乐观。

部分保护区的生态环境质量下降、保护对象资源衰退，主要受到自然因素和人为因素两方面的影响。

1）自然因素

（1）灾害天气：海冰、台风等海洋灾害天气的频发，在一定程度上影响了水产种质资源保护区内生物的生长、繁殖。特别是渤海近年来海冰范围广、冰期持续时间长，可能对浅海的种质保护区生物产生不利影响。

（2）绿潮或赤潮灾害：自2008年山东海域发生大面积浒苔绿潮以来，每年都会在山东省沿海发生浒苔聚集、增殖现象。据2013年7月监测，在千里岩岛附近海域发现大量浒苔漂浮，底栖生物采样也发现千里岩岛近岸海底有大量浒苔沉降。2014年9月长岛"链状亚历山大藻"赤潮的暴发，致使保护区内的多种保护品种受到了不同程度的损害。

（3）其他生物：保护区内食物链中存在竞争性的生物过多，或敌害生物的大量繁殖，都会对保护对象产生不利影响。

（4）自然环境污染：保护区附近有河流入海，大量淡水流入虽然调节了海水盐度，带来了丰富的有机质和营养盐，对于促进浮游植物的繁殖作用显著，对贝类的繁殖、生长、育肥具有较大的促进作用，但也可能带来大量的陆源污染物，对于保护区的建设和发展也具有一定的消极影响。

2）人为因素

（1）过度捕捞：根据资源调查与专家评估结果，现有海洋捕捞能力已超过资源承受能力。长期以来粗放式、掠夺式的捕捞生产方式，大量非传统渔业劳动力的无序涌入，使海洋生物资源承受着日益巨大的压力。

（2）海洋工程和海岸工程建设：保护区附近大型海洋工程和海岸工程的建设如导堤、港区等项目的实施，会为保护区带来许多负面影响，如莱州湾单环刺螠国家级水产种质资源保护区因临近滨海新城开发主战场，近岸一侧的高强度开发，给保护区的生态环境带来了巨大的压力。

（3）海水养殖：邻近保护区甚至保护区内的大面积海水养殖，与保护对象竞争生存空间，同时养殖生物的排泄物、尸体分解等导致无机氮含量异常升高，特别是在水交换能力极差的海域影响更为明显。

（4）其他人类活动：一是保护区海域附近有航道，通过的货船数量增加，船舱含油污水、生活污水及生活垃圾的排放以及噪声、水体扰动，均对保护区生存环境造成了一定的影响；二是保护区邻近海域的经济开发，势必带来更多的影响。随着这些人类活动的增加，海域内的水生生物栖息环境受到的影响会不断增大，水生生物生存空间将被挤占，洄游通道被切断，栖息地及生态环境有遭受破坏的危险。

3.3.2.6 保护与管理中存在的问题

国家级水产种质资源保护区的建立，对保护山东省重要海洋水产种质资源、海洋生物多样性和海域生态系统完整性发挥了一定作用，但由于各方面的原因，目前国家级水产种质资源保护区的保护和管理还存在问题，主要体现在以下5个方面。

1）法律不健全，难以满足需求

我国虽然已经初步建立了保护区的法规体系，但仍缺乏专门的、完善的、操作性强的法律，难以满足不断发展的工作需要。首先，当前的一些有关海洋保护区保护的规章、办法，如《水产种质资源保护区管理暂行办法》，仅仅是部门规章，缺乏可操作性的实施细则，法律地位和约束力相对较低，制约了成效。其次，现有的法规体系无法满足复杂艰巨的海洋资源与生态环境保护管理的特殊需求，缺乏针对性。

2）没有独立的保护区管理机构，难以实施有效的监督管理

《水产种质资源保护区管理暂行办法》规定，县级以上地方人民政府渔业行政主管部门负责辖区内水产种质资源保护区工作，县级以上人民政府渔业行政主管部门应当明确水产种质资源保护区的管理机构，

配备必要的管理、执法和技术人员以及相应的设备设施，负责水产种质资源保护区的管理工作。由于缺少独立管理机构，保护区目前主要依靠渔业行政主管部门下属相关单位机构管理，且保护区管理工作任务繁杂，缺少专职人员处理日常事务，管理水平有待提高。

3）资金投入不足，管理工作难以开展

保护区建立之初，国家投入资金建设了部分基础设施，但由于海上气候原因部分设施损坏甚至丢失，而日常维护费很难列入当地财政预算，只靠当地渔业主管部门筹措资金难以维持，造成部分保护设施不健全。水产种质资源保护区的管理经费缺乏，资源、环境调查等管理工作无法开展，绝大多数保护区建立后至今没有系统的资源环境历史数据，保护区的保护效果无法评价，更无法开展相应的资源养护、生态修复工作。

4）保护区海域管辖权存在问题，难以进行实质管理

部分国家级水产种质资源保护区海域实际已承包给企业或个人，海洋环境监测机构现场采样尚需承包者准许；海州湾大竹蛏国家级水产种质资源保护区和日照海域西施舌国家级水产种质资源保护区内存在大面积的贝类筏式养殖；千里岩保护区管理机构设在海阳，但是目前实际管辖权在青岛。管辖权问题的存在使保护区无法完全按照《水产种质资源保护区管理暂行办法》规定进行管理和保护。

5）保护区资源修复的方式有待进一步探讨

黄河口文蛤国家级水产种质资源保护区、蓬莱牙鲆黄盖鲽国家级水产种质资源保护区、靖海湾松江鲈鱼国家级水产种质资源保护区都通过增殖放流进行资源修复。由于水产种质保护区的特殊性，有必要对放流苗种的来源严格控制。前三岛海域国家级水产种质资源保护区对金乌贼的保护，主要采取定期向保护区投放金乌贼附着基的方式，为金乌贼提供了优越的产卵环境，使得金乌贼产卵量显著增加，有效地保护了金乌贼种质资源，这种方式值得借鉴。

3.3.2.7　保护与管理对策建议

为充分发挥国家级水产种质资源保护区的作用，维持保护区生态环境稳定，进一步保护和充分利用水产种质资源，针对国家级水产种质资源保护区管理现状，建议如下。

（1）完善水产种质资源保护区相关法律法规体系，可以借鉴海洋自然保护区和海洋特别保护区管理方式，设置独立的水产种质资源保护区管理机构，配备专职、专业人员对保护区进行有效管理。

（2）建立保护区监测常态化机制，依托现有的科研院所、海洋环境监测站等机构，定期对保护区资源、环境调查，为渔业生态环境保护工作和保护区的管理提供科学的技术支撑。为保证数据的科学性、可比性，山东省应统一制定一套调查实施细则或规范，加强数据统计的填报管理，建立山东省水产种质资源保护区基础信息数据库，为保护区的管理决策提供支持。

（3）研究水产种质资源保护区合理开发和应用方案，解决保护与开发之间的矛盾。如针对国家级水产种质资源保护区，建立相应的水产原种场，所建原种场可以每年从保护区捕捞规定数量的亲体进行人工繁育，但每年必须向保护区放流相应数量的该亲体了一代苗种作为生态补偿。

（4）研究已遭破坏的水产种质资源保护区资源修复的可能性，对修复困难的保护区探讨保护区适当迁移，以保护珍贵的水产种质资源。

3.4　主要旅游度假区和海水浴场

2010—2014 年期间，山东省海洋环境监测单位在每年的 4 月 24 日至 10 月 7 日，6 月 24 日至 10 月 7 日，分别对主要的滨海旅游度假区和海水浴场环境进行监测，其中对滨海旅游度假区的水环境（生物学、物理化学）、水文、气象、景观、沙滩地质等要素，海水浴场的水环境（生物学、物理化学）、水文、气象、海滩环境等要素进行监测，并根据《HY/T 127—2010 滨海旅游度假区环境评价指南》对旅游度假区

环境指数和专项休闲、观光活动（运动）指数进行计算，根据《海水浴场环境监测与评价技术规程（试行）》，对各海水浴场从水文、气象、水质状况和健康指数等方面进行游泳适宜度综合评价。下面对山东省主要滨海旅游度假区和海水浴场近 5 年来的变化趋势进行综合分析评价，指出存在的问题，并给出下一步监管的建议。

3.4.1　滨海旅游度假区与海水浴场位置

山东省主要滨海旅游度假区和海水浴场位置如图 3-111 所示。

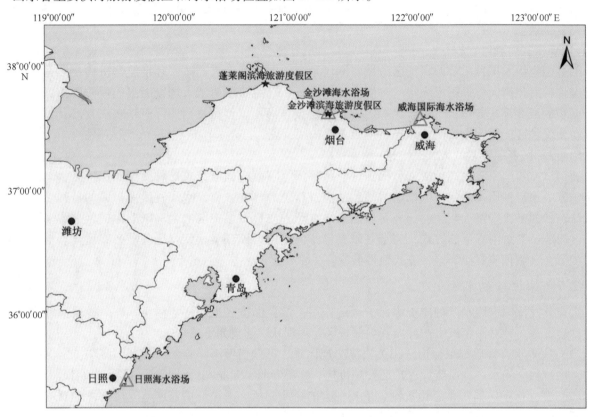

图 3-111　山东省主要滨海旅游度假区和海水浴场位置

3.4.2　监测与评价结果

3.4.2.1　滨海旅游度假区

1）评价方法

根据《HY/T 127—2010 滨海旅游度假区环境评价指南》，滨海旅游度假区环境评价采用指数方式，分别求算环境指数和专项休闲、观光活动（运动）指数。滨海旅游度假区环境指数包括防晒指数、水质指数和海面状况指数。专项休闲、观光活动（运动）指数包括海底观光指数、海上观光指数、海滨观光指数、游泳指数、海上休闲活动指数、沙滩娱乐指数和海钓指数。

环境状况指数（包括防晒指数、水质指数和海面状况指数）和各类休闲（观光）指数的赋分分级说明（满分为 5.0）见表 3-33。

表 3-33　各项年平均指数的赋分和分级说明

年平均指数	级别	等级说明
4.5~5.0	极佳	非常适宜开展休闲（观光）活动
3.5~4.4	优良	很适宜开展休闲（观光）活动
2.5~3.4	良好	适宜开展休闲（观光）活动
1.5~2.4	一般	比较适宜开展休闲（观光）活动
1.0~1.4	较差	不适宜开展休闲（观光）活动

2）评价结果

2010—2014 年烟台金沙滩滨海旅游度假区环境指数和专项休闲、观光活动（运动）指数变化如图 3-112 所示。

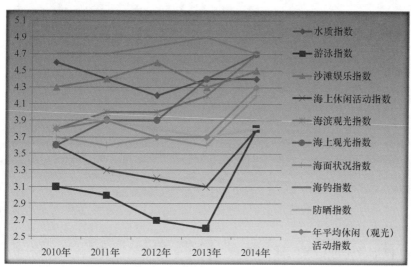

图 3-112　2010—2014 年烟台金沙滩滨海旅游度假区环境指数和专项休闲、观光活动（运动）指数变化趋势

（1）水质指数：水质年平均指数，最低为 2012 年的 4.2，最高为 2010 年的 4.6，水质优良，很适宜开展滨海休闲娱乐活动，主要影响因素为粪大肠菌群数。

（2）游泳指数：游泳年平均指数较低，最高仅为 2014 年的 3.8，主要影响因素为水温和气温偏低。

（3）沙滩娱乐指数：沙滩娱乐年平均指数变化较小，最高为 2012 年的 4.6，海滩综合状况优良，很适宜在海滩开展各种休闲娱乐活动，主要影响因素为天气状况。

（4）海上休闲活动指数：海上休闲活动年平均指数变化较小，最高为 2014 年的 3.8，海上环境状况良好，适宜开展海上休闲活动，主要影响因素依然为水温和气温偏低。

（5）海滨观光指数：海滨观光年平均指数近年来逐渐升高，2014 年达到 4.7，海滨环境状况优良，海陆景观优美，很适合海滨观光，主要影响因素为能见度过小。

（6）海上观光指数：海上观光年平均指数近年来逐渐升高，2014 年达到 4.7，海上环境状况极佳，非常适合海上观光，主要影响因素为能见度过小。

（7）海面状况指数：海面状况年平均指数范围为 3.6~4.2，最高为 2014 年，海面状况良好，很适宜开展滨海休闲观光活动，主要影响因素为水温较低。

（8）海钓指数：海钓年平均指数范围变化不大，最高为 2014 年的 4.9，海域环境状况极佳，极适宜海钓，主要影响因素为天气状况。

（9）防晒指数：防晒年平均指数范围为 3.7~4.0，2010 年最高，紫外线辐射强度一般，在海边活动时可适当涂擦 SPF 在 12~15 之间的防晒护肤品，防晒指数的变化主要受季节变化的影响。

（10）年平均休闲（观光）活动指数：2010—2014 年的年平均休闲（观光）活动指数范围为 3.7~4.3，2014 年的年平均休闲（观光）活动指数为近 5 年来最高，主要原因是水质情况变好，化学和微生物指标超标的情况变少，主要影响因素还是气温和水温偏低，造成全年游泳指数和海上休闲活动指数偏低。

2010—2014 年蓬莱阁滨海旅游度假区环境指数和专项休闲、观光活动（运动）指数变化如图 3-113 所示。

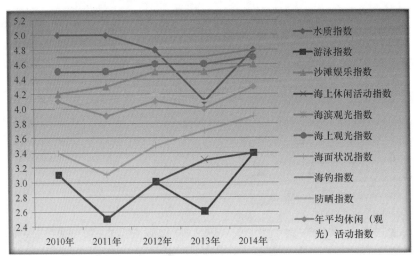

图 3-113　2010—2014 年蓬莱阁滨海旅游度假区环境指数和专项休闲、观光活动（运动）指数变化趋势

（1）水质指数：水质年平均指数范围为 4.1~5.0，水质优良，很适宜开展滨海休闲娱乐活动，主要影响因素为粪大肠菌群数超标。

（2）游泳指数：游泳年平均指数较低，最高仅为 2014 年的 3.4，主要影响因素为水温和气温偏低。

（3）沙滩娱乐指数：沙滩娱乐年平均指数变化较小且一直呈上升趋势，海滩综合状况优良，很适宜在海滩开展各种休闲娱乐活动，主要影响因素为天气状况。

（4）海上休闲活动指数：海上休闲活动年平均指数，最低为 2011 年的 2.5，最高为 2014 年的 3.4，海上环境状况良好，适宜开展海上休闲活动，主要影响因素依然为水温和气温偏低。

（5）海滨观光指数：海滨观光年平均指数近 5 年来变化较小，2014 年达到最高的 4.7，海滨环境状况优良，海陆景观优美，非常适合海滨观光，主要影响因素为能见度过小和天气状况。

（6）海上观光指数：海上观光年平均指数近 5 年来变化较小，2014 年达到 4.7，海上环境状况极佳，非常适合海上观光，主要影响因素为能见度过小和天气状况。

（7）海面状况指数：海面状况年平均指数范围为 3.1~3.9，最高为 2014 年，海面状况良好，适宜开展滨海休闲观光活动，主要影响因素为水温较低。

（8）海钓指数：海钓年平均指数范围变化不大，最高为 2014 年的 4.8，海域环境状况极佳，极适宜海钓，主要影响因素为天气状况。

（9）防晒指数：防晒年平均指数范围为 3.7~4.0，2010 年最高，紫外线辐射强度较弱，在海边活动时一般不需要采取防护措施；若长时间活动，可适当涂擦 SPF 在 12~15 之间的防晒护肤品，防晒指数的变化主要受季节变化的影响。

（10）年平均休闲（观光）活动指数：2010—2014 年的年平均休闲（观光）活动指数范围为 3.9~4.3，2014 年的年平均休闲（观光）活动指数为近 5 年来最高，主要原因是水质情况变好，化学和微生物指标超标的情况变少，主要影响因素还是气温和水温偏低，造成全年游泳指数和海上休闲活动指数偏低。

3.4.2.2　海水浴场

1）评价方法

根据《HY/T 127—2010 滨海旅游度假区环境评价指南》中的 5.8（游泳指数）以及《山东省海洋环境监测方案》所附海水浴场分级标准，对各海水浴场从水文要素、气象要素、水质状况和健康指数等方面进行分析并根据分析结果进行游泳适宜度综合判定，判定方法见表 3-34。

表 3-34　游泳适宜度综合判定要素

要素 结论	水文要素	气象要素	水质状况	健康指数
适宜	适宜	适宜	优	≥80
较适宜	水文、气象要素为"较适宜"以上，水质级别为"良"以上，健康指数为 60 以上			
不适宜	水文、气象要素有一项为"不适宜"，或水质级别为"差"，或健康指数为 60 以下			

2）评价结果

2010—2014 年烟台金沙滩海水浴场各项环境指数天数百分比变化如图 3-114 所示。

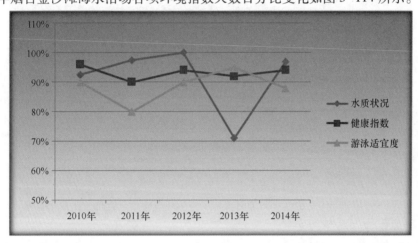

图 3-114　2010—2014 年烟台金沙滩海水浴场各项环境指数天数百分比变化趋势

（1）水质状况：海水浴场水质近 5 年来总体为优秀或者良好，符合海水浴场游泳要求。其中，2012 年水质状况为优的天数达到监测天数的 100%，粪大肠菌群数是影响水质的最主要因素。

（2）健康指数：海水浴场近 5 年来总体健康风险为低，健康指数大部分都在 80 以上，整个监测时段对人体健康为低风险天数百分比变化不大，粪大肠菌群数和天气状况是影响健康指数的主要因素。

（3）游泳适宜度：近 5 年来金沙滩海水浴场水质状况良好，健康风险低，海水浴场适宜和较适宜游泳的天数比例很高，造成不适宜游泳的主要原因为风浪较大，气温偏低。

2010—2014 年威海国际海水浴场各项环境指数天数百分比变化如图 3-115 所示。

（1）水质状况：海水浴场水质近 5 年来总体为优秀或者良好，特别是 2013 年和 2014 年，水质状况为优的天数达到监测天数的 100%。

（2）健康指数：近 5 年来海水浴场总体健康风险为低，健康指数都在 80 以上，天气状况是影响健康指数的主要因素。

（3）游泳适宜度：近 5 年来海水浴场水质状况良好，健康风险低，但是受天气状况和水温较低的影响，海水浴场适宜和较适宜游泳的天数比例较其他两个海水浴场低。

2010—2014 年日照海水浴场各项环境指数天数百分比变化如图 3-116 所示。

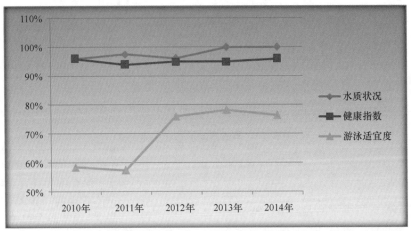

图 3-115　2010—2014 年威海国际海水浴场各项环境指数天数百分比变化趋势

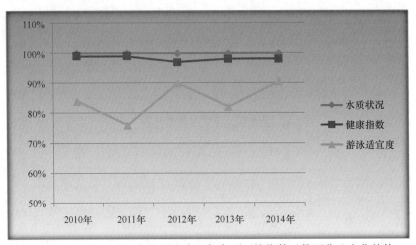

图 3-116　2010—2014 年日照海水浴场各项环境指数天数百分比变化趋势

（1）水质状况：海水浴场水质近 5 年来总体状况优秀，符合海水浴场游泳要求，水质状况为优的天数均达到监测天数的 100%。

（2）健康指数：近 5 年来海水浴场总体健康风险为低，健康指数绝大部分都在 80 以上，整个监测时段健康为 80 以上天数百分比最低也达到 97%，较其他两个海水浴场都高。

（3）游泳适宜度：近 5 年来海水浴场水质状况优秀，健康风险低，海水浴场适宜和较适宜游泳的天数比例范围为 76%~90.6%，造成不适宜游泳的主要原因是降水较多。

3.4.3　存在问题与监管建议

3.4.3.1　存在问题

1）城市雨污水管道仍然是影响旅游度假区的海洋环境质量的主要因素

监测中发现，近年来粪大肠菌群数超标是影响水质状况的主要因素，特别是周围存在城市雨污水管道口的旅游度假区和海水浴场，在降雨后管道入海处站位的粪大肠菌群数明显高于其他断面的站位，说明来自城市雨污水管道的污染物依然是影响滨海旅游度假区和海水浴场的海洋环境质量的主要原因。

2）天气因素对各项休闲活动评价指数有较大影响

由于山东省的滨海旅游度假区和海水浴场位置均处于较高的纬度，气温和水温偏低也是影响各项休闲（观光）活动的主要因素，如何尽可能地降低天气因素对旅游度假区休闲娱乐活动的影响越来越成为一项重要课题。

3）游客们比较关注的紫外线强度等项目没有纳入到监测中

紫外线强度和沙滩沙土质量等作为滨海旅游度假区和海水浴场环境的重要组成部分，至今未能纳入滨海旅游度假区和海水浴场的监测中来。

4）海水浴场环境的评价至今没有出台统一的国家标准或行业标准

与滨海旅游度假区相比，海水浴场环境的评价至今尚未出台统一的国家标准或行业标准，山东省海水浴场环境的评价也仅仅是依据《HY/T 127—2010 滨海旅游度假区环境评价指南》中的5.8（游泳指数）以及《山东省海洋环境监测方案》所附海水浴场分级标准进行评价，导致不同的监测单位在进行同一海水浴场评价时往往会出现不同的评价结果。

5）环境监测结果没有实时地作为预报产品提供给游客

大部分环境监测结果没有制作成环境预报产品，旅游度假区或者海水浴场内也没有大屏幕实时地播放制作的环境预报产品。虽然有些预报产品在地方媒体进行了发布，但在游客最集中的景区内却无平台发布，休闲和游泳的游客无法第一时间获取相关的环境预报资讯。

6）游客数量的增加给海洋环境带来巨大压力

经济增长致使景区内游客数量增加，海边的垃圾和遗弃物也越来越多，海上观光游艇数量也越来越多，海上漂浮的油类、浮沫、藻类和其他遗弃物的出现几率越来越大，给海洋环境带来巨大压力。

3.4.3.2　监管建议

1）加强城市雨污水管道的管理

建议相关城建或环保部门加强对入海处排污管道的管理，对雨污水管道的布设尽量远离景区，并对景区附近已有的城市雨污水管道进行改造，实行深海排污，达标排放，以改善滨海旅游度假区和海水浴场的海洋环境质量状况。

2）增加度假区海滨休闲娱乐配套设施建设

滨海旅游度假区和海水浴场有着优良的旅游休闲资源，但是山东省海滨景区的相关配套设施建设还有很多不足，在天气状况不佳的情况下，游客数量受天气因素影响较大，建议相关旅游主管部门加强海滨各种配套设施建设，给游客提供更多的休闲娱乐场所和休闲娱乐方式，尽可能地减少天气因素对休闲活动质量的影响。

3）逐步将紫外线强度等项目纳入到监测中

修订现有的滨海旅游度假区环境监测和评价标准，并开展相关方面的研究，逐步将游客比较关注的紫外线强度、海滩沙土质量等项目纳入到监测中。

4）建议出台海水浴场环境评价的国家标准或者行业、地方标准

向上级的管理部门或者技术单位提出建立海水浴场环境评价标准的建议，或者开展相关的研究，出台山东省统一的海水浴场环境评价标准，尽快使海水浴场的环境评价标准化、统一化、合理化。

5）将环境监测结果作为预报产品实时地提供给游客

联系当地的旅游主管部门，在景区内游客最集中的地方设立大屏幕，在监测期内滚动播出环境预报产品，播出可采取如《××景区今日环境状况》、《××景区明日环境预报》等形式，将游客比较关心的相关环境参数提供给大家。

6）加强海上和海滩废弃物、垃圾等的清理

建议当地的旅游主管部门，在游客相对集中的时间段和地点，及时地对海上和海滩的废弃物、垃圾等进行清理，并在海滩上设置相关的提示牌和垃圾桶，减少游客随地乱扔垃圾的现象。

第4章　主要风险源识别与评价

4.1　入海河流

山东省是我国重要的经济强省和人口大省。根据 2014 年的统计数据，山东省国内生产总值（GDP）59 426.6 亿元，人口 9 789.43 万人，是中国的经济第三大省、人口第二大省，国内生产总值列全国第三，仅次于广东和江苏，占中国 GDP 总量的 1/9。山东海洋资源得天独厚，近海海域占渤海和黄海总面积的 37%，滩涂面积占全国的 15%。近海栖息和洄游的鱼虾类达 260 多种，主要经济鱼类有 40 多种，经济价值较高、有一定产量的虾蟹类近 20 种，浅海滩涂贝类百种以上，经济价值较高的有 20 多种。其中，对虾、扇贝、鲍鱼、刺参、海胆等海珍品的产量均居全国首位。有藻类 131 种，经济价值较高的近 50 种，其中，海带、裙带菜、石花菜为重要的养殖品种。山东是全国四大海盐产地之一，丰富的地下卤水资源为山东盐业、盐化工业的发展提供了得天独厚的条件。人文与地理优势造就了山东社会经济的快速发展，改革开放以来尤其是进入 21 世纪以来，山东的工农业经济更是得到了跳跃式的发展，国内生产总值连续增长，经济实力不断提升。与此同时，经济快速发展带来的副作用也在不断显现。作为山东省经济发展主要区域的沿海地区，伴随着工农业生产规模和人口基数的飞速扩张，工农业生产与沿岸居民生活污水等大量废水废物等污染物被入海河流携带入渤海、黄海，近岸海洋生态环境的压力越来越大，大面积的近岸海洋生态系统遭到严重破坏。可以说，陆源污染物排海已经成为导致山东近岸海域环境污染和生态损害的主要原因。

山东省主要入海河流分属黄河、淮河、海河三大流域。入海河流北起与河北省交界的漳卫新河，南至与江苏省交界的绣针河，大小入海河流数百条，绝大多数为季节性的山溪河流。根据 2014 年山东省开展的入海河流调查显示，全省主要入海河流共 74 条，其中以烟台市境内入海河流最多，为 28 条；威海市次之，为 19 条；东营市 15 条，潍坊 8 条，滨州市 4 条（表 4-1）。

表 4-1　山东省主要入海河流统计

地市	区县	入海河流数量（条）
滨州市	沾化县	3
	无棣县	1
	合计	4
东营市	东营区	1
	广饶县	1
	河口区	2
	垦利县	5
	利津县	6
	合计	15

地市	区县	入海河流数量（条）
威海市	火炬高技术产业区	3
	环翠区	2
	经济技术开发区	-
	荣成市	6
	乳山市	4
	文登区	4
	合计	19
潍坊市	滨海区	3
	寿光市	2
	昌邑市	3
	合计	8
烟台市	海阳市	-
	莱山区	2
	莱州市	13
	莱阳市	1
	龙口市	-
	牟平区	4
	蓬莱市	4
	长岛县	-
	招远市	3
	芝罘区	1
	合计	28
总计		74

2010 年以来，山东省各级海洋环境监测机构对全省主要入海河流进行了连续监测，并从这些监测的入海河流中筛选了 12 条入海流量较大、污染较重的河流，对所获得的数据进行了汇总分析，结果表明：黄河和小清河是山东省陆源污染物排海的主要渠道，除小清河在 2014 年的污染物入海量为 6.23×10^4 t 外，黄河和小清河 2010—2014 年的污染物入海量均在 10×10^4 t 以上，占 12 条主要入海河流 2010—2014 年污染物入海总量的 77.1%，这与两河年均入海径流量大有直接关系。

2010　2014 年入海污染物主要为化学需氧量、营养盐、石油类、重金属，尤以化学需氧量最多，12 条主要河流中近七成的年份化学需氧量的入海量占监测入海河流污染物总量的比例在 90% 以上，特别是小清河化学需氧量入海量占其年度污染物入海总量的比例均在 96% 以上，2012 年小清河入海污染物中其占比更是高达 99%（表 4-2）。除黄河和小清河外，潮河、母猪河、白浪河、五龙河 4 条河流的污染物入海量占总量的 15.8%，其余 6 条河流占比为 7.1%。另外，五龙河、大沽夹河、界河的石油类、营养盐、砷的入海量相对除黄河与小清河外的河流污染物入海量占比较高。2014 年，受降水量少等因素的影响，大多数河流污染物入海总量较 2013 年有所减少。然而，山东省入海河流污染物入海总量仍处于较高水平（图 4-1），须引起重视。

表 4-2　2010—2014 年山东省主要入海河流污染物入海量统计　　　　单位：t

入海河流	年份	石油类	化学需氧量	营养盐	重金属	砷	污染物总量
黄河	2010	5 849	549 032	14 079	692	30	569 682
	2011	949	180 948	6 438	640	47	189 022
	2012	8 692	439 794	42 423	1 110	56	492 075
	2013	4 911	348 635	15 535	704	40	369 825
	2014	978	156 197	30 726	386	58	229 973
小清河	2010	500	113 367	380	661	5	114 912
	2011	2 522	381 195	1 941	433	4	386 095
	2012	198.65	161 411	1 071	29	2	162 712
	2013	332	178 884	3 350	53	3	182 622
	2014	542	59 849	1 911	10	3	62 315
绣针河	2010		3 569				5 227
	2011	2.2	1 174	36.7	1.4	0.08	1 215
	2012	6.5	3 678	52.5	4.9	0.3	3 743
	2013	75	7 183	181	10	0.6	7 450
	2014	12	1 949	55	3	0.1	2 019
傅疃河	2010		4 644				6 492
	2011	2.6	1 865	49	2.4	1.2	1 921
	2012	6.3	3 059	83.3	2.6	1.6	3 152
	2013	44	6 182	151	9	0.5	6 386
	2014	47	4 320	147	6	0.4	4 520
五龙河	2012	4 550	22 392	10 185	44	13.4	37 184
	2013	923	13 215	3 428	29	7.4	17 603
	2014	1 934	41 466	1 775	29	6	45 210
乳山河	2011	2	12 096	232	3.1	0.2	12 333
	2012	1.2	8 085	323	1.8	0.1	8 412
	2013	1	11 077	291	6	0.03	11 375
	2014	1	11 059	330	5	0.2	11 395
母猪河	2011	2.7	22 813	1 249	5	0.5	24 070
	2012	3.9	31 122	2 278	5.9	1.8	33 411
	2013	4	32 262	1 728	17	0.3	34 011
	2014	4.16	32 895	1 525	15	0.6	34 440
界河	2010	29	10 012			3.4	13 444
	2011	734	13 050	1 432	4.8	2.3	15 223
	2012	1 183	9 690	2 294	10.2	2.34	13 181
	2013	419	8 980	4 523	12	3.1	13 937
	2014	508	4 199	2 526	6	5	7 244

入海河流	年份	石油类	化学需氧量	营养盐	重金属	砷	污染物总量
大沽夹河	2011	215	12 530	277	9.2	3.8	13 035
	2012	1 226	12 521	1 455	17.5	7.3	15 227
	2013	720	7 299	987	13	4.3	9 023
	2014	1 370	10 304	1 389	14	2	13 079
挑河	2010		12 949				21 352
	2011	40	2 888	224	89.2	1.8	3 243
	2012	7.4	569	51.3	2.42	0.3	631
	2013	7	16 913	49	2	0.1	16 971
	2014	14.52	13 280	238	1	0.1	13 534
白浪河	2011	5.3	8 146	79	0.4	0.15	8 231
	2012	5.5	2 479	248	2.9	0.3	2 735
	2013	30	91 840	321	4	0.3	92 195
潮河	2010		37 680				67 670
	2011	167	18 900	315	43	3.1	19 428
	2012	36	5 027	65	4.4	0.3	5 133
	2013	30	91 840	321	4	0.3	92 195
	2014	29	50 600	768	3	0.1	51 400

黄河是中国第二长河，世界第五大长河，全长约 5 464 km，流域面积约 752 443 km²。黄河发源于青海省青藏高原的巴颜喀拉山脉北麓约古宗列盆地的玛曲，呈"几"字形。自西向东分别流经青海、四川、甘肃、宁夏、内蒙古、陕西、山西、河南及山东 9 个省、市、自治区，最后在山东省东营市流入渤海。黄河流域是中华文明最主要的发源地，中国人称其为"母亲河"。

小清河是黄河流域山东省中部渤海水系河流，源起济南市泉群，流经历城、章丘、邹平、高青、桓台、博兴、广饶、寿光等县至东营羊角汇入渤海，全长 237 km，流域面积 10 572 km²，是一条防洪除涝、灌溉、航运综合利用河道。

黄河和小清河是在山东省入海的河流中年入海径流量较大的两条河流，近些年来随着沿河流域内经济发展，大量的生产生活废水废物被排放入河流中最终汇入山东近岸海域，对近岸海域生态环境造成很大影响，需重点加强整治管理。除黄河和小清河外，潮河、母猪河、白浪河、五龙河、大沽夹河、界河等河流的年入海径流量与污染物入海量也相对较大，需引起相关部门的重视，预先做好管控措施，防止污染状况进一步恶化。

4.2　排污口

随着近年来沿海地区经济的快速发展，工农业生产企业和沿海居民数量不断增加，随之而来的是向近岸海域排放污染物的排污口数量也在快速增加，而可以用于对污水及废弃物的处理回收设施数量和处理能力严重不足，大量工农业和居民生活废水和废弃物未经有效的无害化处理就被直接或间接排放进入海河流和排污管道中，甚至使得许多自然河流也逐渐变成了向近岸海域排污的通道，这些数量巨大的污染物随入海河流进入近岸海域，对近岸增养殖区等海洋生态环境及滨海旅游度假区等景观设施造成很大影响和破坏。

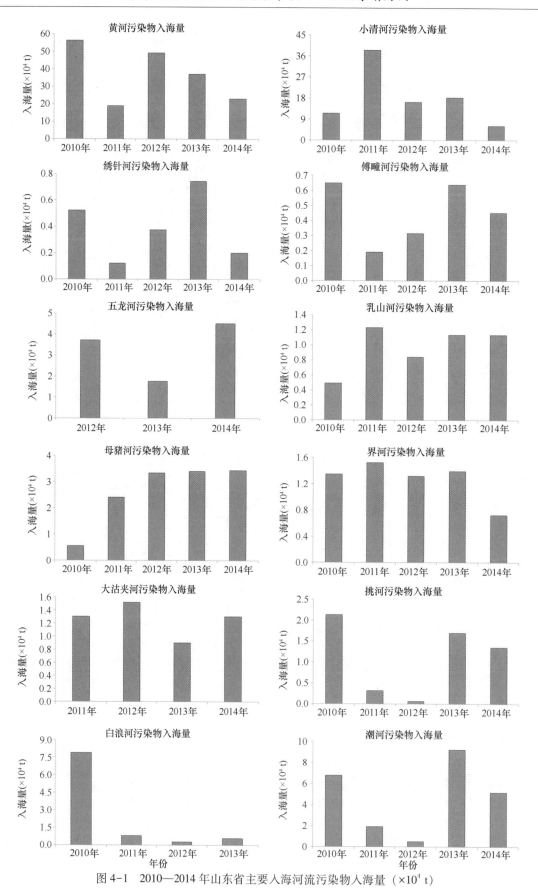

图 4-1 2010—2014 年山东省主要入海河流污染物入海量（×10⁴ t）

2014 年，山东省组织各级海洋管理部门对山东省沿海的各种排污口进行了全面普查和分类统计，通过普查统计出全省入海排污口共有 315 个，其中排污河类排污口 119 个，工业排污口 26 个，市政排污口 58 个，综合排污口 53 个，养殖排污口 59 个。从各地市分布上看，以烟台市境内的入海排污口数量最多，为 153 个，威海市次之，为 108 个，潍坊市 23 个，东营市 17 个，日照市 14 个（表 4-3）。

表 4-3　2014 年山东省入海排污口普查统计　　　　单位：个

地市	区县	工业排污口	市政排污口	综合排污口	排污河类	养殖排污口	合计
东营市	东营区	1	—	—	7		8
	广饶县	—	—	—	6		6
	河口区	—	—	2	1		3
	垦利县	—	—	—	—		—
	利津县	—	—	—	—		—
	合计	1	—	2	14		17
日照市	东港区	1	1	—	1		3
	国际海洋城	1	—	—	3		4
	经济开发区	1	1	—	—		2
	岚山区	—	1	—	2		3
	山海天旅游度假区	—	2	—	—		2
	合计	3	5	—	6		14
威海市	火炬高技术产业区	—	—	—	—		—
	环翠区	—	8	3	1		12
	经济技术开发区	—	—	3	7		10
	荣成市	—	—	4	—		4
	乳山市	1	13	9	—		23
	文登区	1	—	—	58		59
	合计	2	21	19	66		108
潍坊市	滨海区	6	—	—	—		6
	寿光市	3	—	—	—		3
	昌邑市	3	—	6	5		14
	合计	12	—	6	5		23
烟台市	海阳市	—	—	—	4	—	4
	莱山区	—	1	—	14	—	15
	莱州市	4	14	—	—	56	74
	莱阳市	—	—	—	2	—	2
	龙口市	1	—	—	2	—	3
	牟平区	—	—	—	—	—	—
	蓬莱市	2	—	—	1	2	5
	长岛县	1	16	22	—	—	39
	招远市	—	—	—	—	1	1
	芝罘区	—	1	4	5	—	10
	合计	8	32	26	28	59	153
总计		26	58	53	119	59	315

2014 年，山东省各级海洋环境监测机构在各自辖区海域内实施监测的陆源入海排污口共 91 个，其中排污河类排污口 40 个、工业排污口 26 个、市政排污口 24 个、其他排污口 1 个，排污口邻近海域功能区主要为养殖区、港口区、排污区、海洋保护区、度假旅游区和其他海洋功能区（表 4—4）。

表 4-4　2014 年山东省开展监测的排污口统计　　　　　　　　　　　单位：个

	工业排污口	排污河类	市政排污口	其他	合计
滨州	1	0	0	1	2
东营	1	0	1	0	2
日照	2	3	2	0	7
威海	1	18	2	0	21
潍坊	0	6	0	0	6
烟台	4	8	5	0	17
青岛	17	5	14	0	36
合计	26	40	24	1	91

2014 年 3 月、5 月、7 月、8 月、10 月和 11 月，入海排污口达标排污比率分别为 47.8%、62.2%、51.6%、49.5%、45.1% 和 42.9%，3 月、5 月、8 月和 10 月达标排放率较上年同月份分别升高了 8.8%、35.2%、17.5% 和 11.1%。全年入海排污口的总达标排放次数占监测总次数的 49.8%，比上年升高 15.8%。其中，全年 6 次监测均达标排放的入海排污口有 14 个，5 次达标排放的有 15 个，4 次达标排放的有 9 个，3 次达标排放的有 11 个，2 次达标排放的有 16 个，仅有 1 次达标排放的有 11 个，有 15 个入海排污口全年 6 次监测均超标排放。在不同类型的排污口中，工业类排污口年度总达标排放率最高，达到 67.3%，排污河类次之，达到 45.4%，市政类和其他类排污口年度总达标排放率相对较低，分别为 39.6% 和 16.7%。

表 4-5 所示为 2010—2014 年开展监测的各类型排污口达标排放情况。

表 4-5　2010—2014 年开展监测的各类型排污口达标排放情况

类型	2010 年	2011 年	2012 年	2013 年	2014 年
工业	63.9%	38.9%	58.3%	44.4%	67.3%
市政	50.0%	57.5%	57.5%	50.0%	39.6%
排污河	29.3%	50.0%	50.7%	40.7%	45.4%
其他	0%	50.0%	0%	25.0%	16.7%

在各地市中，日照市辖区内的排污口年度总达标排放率最高，达到了 88%，青岛市次之，达到 62%，潍坊市第三，达到 53%，之后依次为东营市、威海市、烟台市、滨州市，排污口年度总达标排放率分别为 42%、36%、28%、8%（表 4-6）。

表 4-6　2010—2014 年山东省沿海七地市实施监测的排污口达标排放情况

地市	2010 年	2011 年	2012 年	2013 年	2014 年
滨州市	12%（1/8）	88%（7/8）	0%（0/8）	13%（1/8）	8%（1/12）
东营市	100%（8/8）	88%（7/8）	100%（8/8）	50%（4/8）	42%（5/12）
潍坊市	4%（1/25）	22%（4/18）	29%（7/24）	38%（9/24）	53%（19/36）
烟台市	36%（27/75）	39%（27/70）	33%（23/70）	32%（25/77）	28%（29/102）
威海市	11%（11/99）	26%（20/77）	22%（17/79）	22%（18/81）	36%（45/124）
青岛市	23%（34/146）	53%（75/141）	48%（64/132）	63%（90/142）	62%（135/216）
日照市	93%（26/28）	82%（23/28）	89%（25/28）	61%（17/28）	88%（35/42）

注：＊12%（1/8）表示全年开展了 8 次监测，达标 1 次，达标率为 12%。

2014 年在山东省实施监测的 91 个陆源入海排污口中，全年 6 次监测能够达标排放 3 次（含 3 次）以上的有 49 个，占 53.8%，有 42 个在 3 次（不含 3 次）以下，占 46.2%。

2014 年监测的入海排污口排放的主要污染物为化学需氧量、氨氮、活性磷酸盐和悬浮物，其单要素达标率分别为 74.8%、86.4%、73.9% 和 87.1%，较上年分别升高了 10.8%、10.4%、10.9% 和 17.1%。

2010 年以来的监测结果显示，沿岸排污口超标排放现象较为普遍，总体达标排放率较低，主要入海污染物为化学需氧量、氨氮、总磷和悬浮物，滨州、潍坊、烟台、威海等沿岸监测排污口达标率较低。近 5 年来，滨州、东营、烟台境内排污口达标排放率基本呈逐年降低趋势，但仍需加大监管力度（图 4-2）。

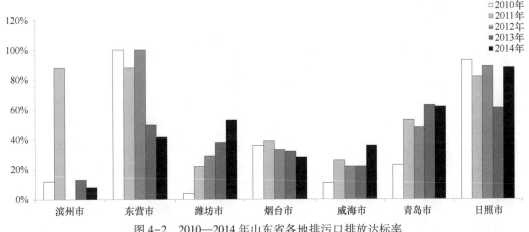

图 4-2　2010—2014 年山东省各地排污口排放达标率

工业废水和生活污水等大量污染物入海，对重点排污口邻近海域产生不利影响，海域环境质量状况总体较差，部分海域海水水质劣于四类海水水质标准，生态环境质量较差，主要超标物质为无机氮、悬浮物、活性磷酸盐、化学需氧量和石油类等。

2010 年以来，山东省监测的重点入海排污口邻近海域中，不能满足海洋功能区要求的海域比例较高。2011—2014 年每年均有 70% 以上的海域不能满足海洋功能区要求，2014 年未满足海洋功能区要求的海域占比达 71%，与 2013 年持平。2010 年以来，排污口邻近海域水质为四类或劣四类水质的海域比例多在 50% 以上，2014 年比例为 57%，较 2013 年升高 14%。其中，潍坊和滨州两市的排污口邻近海域染污情况较重（表 4-7）。

表 4-7　2010—2014 年山东省实施监测的排污口邻近海域水质情况

年份	不能满足海洋功能区要求的海域比例	四类或劣四类水质的海域比例
2010	57%	71%
2011	86%	57%
2012	86%	57%
2013	71%	43%
2014	71%	57%

山东省是我国的经济强省和人口大省，沿海各地又集中了山东省许多经济支柱型产业，工农业生产和沿海城镇居民生活所产生的大量废物、废水大部分都通过入海河流和排污口排入了海洋，造成山东近海海洋生态压力持续增加，生态环境不断恶化，污染治理刻不容缓。近年来，环境污染对经济发展的制约正在显现，山东省各级政府已经开始采取措施进行污染治理，但从近几年的监测结果看，沿岸入海河

流与陆源排污口超标排放现象依然较为普遍，近岸海域生态环境质量持续恶化的局面并没有发生大的转变，这就需要山东省海洋环境管理部门继续加大对入海河流和陆源排污口的管控力度，严格控制工农业生产的污染物排放量，努力破除地方保护主义对环境治理工作的束缚，关停污染严重的生产企业，淘汰落后的生产工艺，加强城镇污染物集中处理设施的建设，减少污染物排放，实现可持续发展。

4.3 港口、码头

4.3.1 港口开发概况

山东省海岸线绵长，岸线曲折，岬湾相间，港口岸线资源丰富；深水近岸，水域宽阔；除莱州湾和黄河三角洲沿岸外，泥沙来源较少，海湾淤积轻，港池航道长期稳定，具有优良的建港条件，有 50 多处可建深水泊位的港址，其中可建 10 万~20 万吨级泊位的 20 多处，可建 5 万吨级泊位的 10 多处；较好的港口深水岸线长达 355.9 km。

1990 年山东省沿海港口货物吞吐量为 $5\,444\times10^4$ t，2000 年增至 1.6×10^8 t，年均递增 11%，高于全国 9.6% 的增长速度；进入 21 世纪吞吐量增长更快，2003 年为 2.6×10^8 t，年均增速达 17%，2004 年达到 3.05×10^8 t。目前，全省港航已累计投资数百亿元，港口年吞吐量达 10×10^8 t 余。

滨州市分布着富滨码头、畅海码头、天马码头、裕泰码头等多座港口码头，近 5 年来接纳进出港船舶约 1 000 艘次；东营市以东营港为主，在河口区、垦利县、广饶县等沿海县区分布着许多小型渔港；烟台港包括芝罘湾港区、西港区、龙口港区、蓬莱港区（包括东港区和栾家口港区）四大港及莱州、牟平、海阳、长岛等许多中小型港口；威海和日照等沿海区域也分布有多个港口及油库码头。

改革开放 30 多年来，随着我国经济的迅速发展，山东省沿海港口发展迅猛，已初步形成了以青岛、烟台、日照港为主要港口，龙口和威海港为地区性重要港口，滨州、东营、潍坊、莱州、蓬莱、石岛等中小港口为补充的分层次港口布局。2010 年山东省已成为全国唯一一个拥有 3 个亿吨级海港的省份。但随着沿海地区与世界经济联系的日益密切，所带来的港口压力不断增大。

4.3.2 油气开发概况

山东省油气开发活动大部分集中于东营及其周边城市，其中东营石油海洋油气相关产业 120 余家，总资产近 800 亿元，集中了山东省近 40% 的企业和 84% 以上的资产，是海洋油气业经济活动空间分布与组合的中心（表 4-8）。

表 4-8 山东省沿海五市海洋油气产业分布情况

地市	企业数量（个）	总资产（万元）	企业数量比重（%）	总资产比重（%）
滨州市	26	67 592.9	8.0	0.8
东营市	123	7 574 366.9	37.6	84.4
潍坊市	23	166 533.8	7.0	1.9
烟台市	10	68 721.3	3.1	0.8
青岛市	29	71 184.1	8.9	0.8

注：比重的计算为企业个数和总资产数除以相应的山东省海洋油气总量。

山东省油气开发产业整体呈以东营为中心，向周围辐射扩散的态势，沿海地区以东营、青岛、滨州 3

个城市最为突出，构成了一种点状分布结构。其中，东营市主要以天然原油和天然气开发企业为主，并伴生一些为油气开采提供服务的产业。滨州、青岛则主要以油气加工业为主，提供油气开采与加工服务。

目前山东省共有海上钻井平台 91 个，服务平台 3 个，在建 2 个。海上油井井喷事故率一般为 0.01%~0.1%，据国外统计，海上石油产量达到 $5\,000\times10^4$ t 时，每年入海的溢油量平均可达到 2×10^4 t。因此，随着海上石油开发规模的逐年扩大，海上溢油事故的风险将显著增加。

4.3.3 溢油风险识别

近年来，山东省海上溢油等突发污染事件风险加剧。据统计，自 2006 年以来，山东省周边海域发生海上溢油事件 50 余起，其中对山东省海域造成重大影响的就有 20 多起，其余 30 多起为无主溢油。随着海洋油气资源开发力度增大，交通运输船舶沉没、碰撞等溢油事故频繁发生。此外，山东省是我国的重要经济省份，沿海地区有各类港口 30 余个，海上运输繁忙，每年进出各港口的船舶超过 10 万艘次，也增大了山东省海域海上溢油事故的风险。

山东省溢油事故高发区主要分布在东营、烟台、威海、青岛附近海域。近年来，海上突发污染事件风险不断加剧。2011 年发生了蓬莱 19-3 平台溢油事故；2013 年 11 月 22 日，青岛中石化东黄输油管线发生爆燃事故，导致原油入海；小面积的海上无主漂油也时有发现，对海洋生态环境保护、海水养殖和滨海旅游等均产生极大的不利影响。

石油勘探、开采、加工、贮运、使用、溢油事故等都可能造成石油污染。山东省溢油风险主要来自于油气采集、运输、存储过程产生的溢油事故以及轮船发生的溢油事故。东营地区盛产石油，油气田开发导致的漏油事故是该地发生溢油的主要风险源之一。长岛及成山头海域是连接渤海和黄海的交通要道，每年有大量船舶通过该海域，轮船溢油事故频发使该地区成为溢油风险高发区。此外，威海新港、威洋石油码头及富海华燃料油中转库设计油类储存量 50×10^4 m³ 余、日照港实华原油码头建有目前国内最大的原油输送管道，设计年吞吐量 $2\,000\times10^4$ t；这些港口及储油库均为溢油高风险区域。

4.3.3.1 滨州市溢油风险源

滨州市所辖海域设有海上石油钻井平台及相应的油气管道；同时还分布有富滨码头、畅海码头、天马码头、裕泰码头等多座港口码头，船舶事故为滨州市最大的溢油风险源。

4.3.3.2 东营市溢油风险源

1）油气田及其输油管路溢油风险

东营市溢油风险主要来自油气采集和运输过程产生溢油事故，东营市海洋油气资源丰富，近海海域探明含油面积 380.1 km²，储量占胜利油田石油储量的 1/4 以上，其中大部分分布在河口区，其他县区相对较少。除了胜利油田的 2 个 100 万吨级浅海油田—埕岛油田和孤东油田外，还有青东、垦东、埕东、飞雁滩以及桩西采油厂等中小型海上油气田分布在全市的沿海海域。

2）港口、船舶溢油风险

2012 年东营港共有 8 座油品液体化工码头投入使用，这 8 座码头分别是中海油 2 座 5 万吨吨级原油、燃料油码头，2 座 5 000 吨级成品油码头；万通石化 2 座 2 万吨级原油、燃料油码头；宝港国际的 2 座 5 000 吨级别的化工码头。东营港配套的输油管线也已逐渐成形。从东营港到中海沥青股份有限公司的输油管线的输送能力为 500×10^4 t/a。另外中海石油化工有限公司也正在筹备建设 150×10^4 t/a 的输油管线，将原油直接从东营的油库管输到炼厂。

3）溢油风险敏感区

东营滩涂广阔，浅海水质优良，营养盐丰富，浮游生物繁盛，近海渔业资源丰富，近海滩涂尤其适合贝类生长，是中国浅海贝类资源原始分布核心区之一。东营市海水增养殖业发展势头迅猛，仅东营北部沿海的现代生态渔业示范区海水池塘及工厂化养殖面积即达 10 000 hm² 余，养殖品种有海参、对虾、蟹及鱼类；东营辖区内分布着许多国家级海洋特别保护区，保护对象涉及贝类、鱼类及沙蚕等多种生物资源。一旦发生溢油事故，必然对邻近海域的海洋生态及水产养殖业造成重大损害（表 4-9 至表 4-11）。

表 4-9　东营市油气田开发风险源

序号	高风险溢油源	分布区域或岸段	主要油品名称	周边功能区类型
1	青东 5-1	119°01′59″E，37°25′36″N	探井	保护区、养殖区
2	青东 5-2	119°00′47″E，37°26′40″N	探井	保护区、养殖区
3	青东 11	118°59′12″E，37°25′12″N	探井	保护区、养殖区
4	青东 5-7	119°00′48″E，37°27′46″N	探井	保护区、养殖区
5	青东 121	119°4′19″E，37°28′02″N	探井	保护区、养殖区
6	1 号台 YX3 井场高架罐	118°56′35″E，37°19′05″N	原油	养殖区
7	2 号台 Y3-4-X14 井场高架罐	118°56′29″E，37°20′29″N	原油	养殖区
8	3 号台 Y3-2 井场高架罐	118°56′48″E，37°19′54″N	原油	养殖区
9	4 号台 Y3-1 井场高架罐	118°56′51″E，37°19′45″N	原油	养殖区
10	5 号台 YX9 井场高架罐	118°56′57″E，37°19′25″N	原油	养殖区
11	Y3-X6 井场高架罐	118°56′49″E，37°20′24″N	原油	养殖区
12	Y3-1HF 井场高架罐	118°56′56″E，37°20′17″N	原油	养殖区
13	桩西采油厂	仙河镇	石油、天然气	石油勘探、旅游
14	海洋采油厂	仙河镇	石油、天然气	石油勘探、旅游
15	利津县海域	刁口乡	石油	养殖区
16	垦东 405 井	119°08′30″E，37°51′29″N	原油	保护区、养殖区
17	垦东 403 井	119°09′55″E，37°51′48″N	原油	保护区、养殖区
18	KD80 海上平台	119°10′23″E，37°56′04″N	原油	保护区、养殖区
19	KD481 井组	119°13′29″E，37°56′24″N	原油	保护区、养殖区
20	KD34A 井组	119°07′34″E，37°54′44″N	原油	保护区、养殖区
21	KD34B 井组	119°08′28″E，37°55′09″N	原油	保护区、养殖区
22	KD34C 井组	119°09′16″E，37°55′50″N	原油	保护区、养殖区
23	KD47 海上平台	119°11′54″E，37°55′28″N	原油	保护区、养殖区

表 4-10　东营市港口分布

序号	港口名称	地理位置	年吞吐量（t）
1	东营港	河口区	3 000×10⁴
2	红光渔港	垦利红光渔业办事处	710
3	小岛河渔港	垦利县永安镇	510
4	刁口渔港	利津县刁口乡	300
5	广利河渔港	东营区	
6	广饶县支脉河渔港	广饶县	

表 4-11　东营市国家级海洋特别保护区分布

序号	保护区名称	位置	面积（km²）	主要保护对象
1	东营莱州湾蛏类生态国家级海洋特别保护区	东营区	210.24	小刀蛏等海洋资源
2	东营广饶沙蚕类生态国家级海洋特别保护区	广饶县	82.82	双齿围沙蚕为主的多种底栖经济物种
3	山东东营河口浅海贝类生态国家级海洋保护区	河口区	396.00	文蛤等底栖贝类资源
4	东营黄河口生态国家级海洋特别保护区	垦利县	926.00	黄河口海洋资源
5	东营利津底栖鱼类生态国家级海洋特别保护区	利津县	94.04	黄河口底栖鱼类

4.3.3.3　潍坊市溢油风险源

潍坊所辖海域无专用的油轮航道、化工、油码头，海上石油平台、炼油场所和输油管道，仅潍坊森达美港有小型油库；潍坊市溢油风险来自于船舶碰撞事故及港口储油场所（表 4-12）。

表 4-12　潍坊市港口分布

序号	港口名称	地理位置	年吞吐量（×10⁴ t）
1	羊口港	寿光市小清河入海口处	120
2	寿光港	寿光市小清河入海口处	1 000
3	昌邑市下营渔港	昌邑市下营镇	6（卸货）
4	潍坊森达美港	寒亭（滨海开发区）	2 200

4.3.3.4　烟台市溢油风险源

1）溢油风险源

溢油风险源主要为运输船舶、海上油气田、港口油库及渔港等。烟台市港口多，区位优势突出，是北方重要的客滚运输中心和集装箱贸易口岸。2011 年，仅芝罘湾港区完成货物吞吐量 $1.1×10^8$ t，集装箱 $140×10^4$ TEU，旅客吞吐量约占全省港口客运的 1/4。其他可能污染源还有蓬莱市安邦油港有限公司、开发区烟台港西港区石油化工码头、莱州东方石油化工港储有限公司、山东省龙口煤炭储备配送基地项目。据不完全统计，2005—2013 年，烟台市周边海域共连续发生 29 起溢油污染事件，危及长岛、蓬莱、龙口、招远、莱州、芝罘等县市区海域，其中发生在长岛海域的溢油事件有 17 起。长岛海域为溢油高发区，每年船舶燃料油及原油泄露的事故有 2~3 起，对周边海域生态环境及经济发展造成了较严重影响；据初步测算，长岛县溢油污染造成的直接经济损失超过 25 亿元。近几年，烟台海域发生的溢油事件见表 4-13。

2）溢油风险敏感目标

烟台具淤泥质、砂质、基岩等多种海岸类型，地貌多样，适宜于多种生物的栖息繁衍；海水养殖包括池塘、工厂化、浅海筏式及底播等多种模式。烟台有海洋生态和自然保护区 16 个，其中国家级海洋特别保护区 7 个；水产种质资源保护区 10 个，其中国家级 5 个；海滨浴场和旅游度假区国家级海洋公园 1 个，国家 AAAA 级或 AAAAA 级旅游度假区 7 个，省级旅游度假区 6 个。海洋保护区、水产资源保护区、养殖海区及旅游度假区遍及整个烟台近海，这些均为溢油事故易损目标。

表 4-13　2005—2013 年烟台海域溢油事件

发生时间	发生海域	事故原因
2005 年 12 月 28 日	长岛、莱州、招远、龙口、蓬莱、烟台开发区、牟平区	中海发展"大庆 91"轮舱体破裂，原油泄漏
2007 年 3 月 4 日	芝罘区、牟平区	马来西亚籍"山姆"轮搁浅，燃油泄漏
2007 年 5 月 12 日	烟台开发区、芝罘区、莱山区、牟平区	韩国籍"金玫瑰"轮碰撞，燃油泄漏
2007 年 7 月 19 日	长岛	"金华夏 158"轮碰撞，燃油泄漏
2007 年 9 月 15 日	烟台正北 41 海里	"畅通"轮沉没，燃油泄漏
2007 年 10 月 28 日	牟平	朝鲜籍"君山"轮沉没，燃油泄漏
2008 年 9 月 20 日	长岛	"金华夏 158"轮遭海上盗窃，致使油舱燃油泄漏
2012 年 2 月 12 日	烟台市北部海域	"大庆 75"轮碰撞，燃油泄漏
2007 年	长岛，共 3 起	未查到污染源
2008 年 4 月 16 日	长岛	未查到污染源
2010 年	长岛，共 4 起	未查到污染源，原油和燃料油
2011 年	长岛，共 3 起	未查到污染源，原油和燃料油
2013 年	长岛，共 3 起	未查到污染源，燃料油
2008 年 2 月 18 日	牟平区姜格镇	未查到污染源
2011 年 11 月 25 日	龙口和蓬莱海域	未查到污染源
2012 年 12 月	蓬莱海域	未查到污染源，燃料油
2013 年 3 月 25 日	蓬莱市刘家沟海域	未查到污染源，燃料油
2013 年 4 月、5 月	芝罘区，共 2 起	未查到污染源，燃料油

4.3.3.5　威海市溢油风险源

威海沿海岸线最大的溢油风险源是沿海岸线分布的油库，其中，位于威海湾的威洋石油码头油库储量大，是最主要的风险源；其次是沿海岸线的一些渔港码头和游艇码头的油库，数量相对较多，但油库储量相对较少。威海三面临海，作为中国沿海贯穿海上南北大通道的枢纽，是黄海与渤海港口往来的必经之地，海上交通发达，仅每年在成山头水域内航行和作业的船舶总数达 15 万艘次以上，大量的散装油类船舶通过成山头水域进出沿海各港口，海上油品年通过量近亿吨，繁忙的通航环境下，船舶溢油污染的风险也随之增大，是威海近海最容易发生的溢油风险类型。2009 年 12 月 5 日，香港籍"AFFLATUS"矿轮在刘公岛海域触礁搁浅，泄露成品油 10 t。威海近海无海底石油管路，同时离石油钻井平台距离也较远，海底石油管道与钻井平台的溢油突发性事故对于威海近海海域海洋环境影响较小（表 4-14）。

表 4-14　威海市主要港口分布

序号	港口名称	地理位置	年吞吐量
1	威海港新港区	威海湾南部杨家湾东侧	油品吞吐量：$18×10^4$ m^3
2	威洋石油码头	威海经区海埠村东	油品吞吐量：33.59 m^3
3	中心渔港	威海市环翠区中心渔港加油站西南	油品储存量：2 000 t

4.3.3.6　日照市溢油风险源

日照海域没有油气田开发，溢油潜在风险源来自于港口油库码头及船舶运输。日照港实华原油码头 2011 年 10 月建成投产，建有大型原油专用泊位，具有目前国内最大的原油输送管道，设计年吞吐量

2 000×10⁴ t，为日照最主要溢油风险源。日照各船舶码头风险源见表4-15所示。

表 4-15　日照市油气储运风险源分布

序号	港口名称	地理位置	年吞吐量（×10⁴ t）
1	日照实华原油码头 30 万吨级油码头	日照岚北港区	2 000
2	童海港业油品码头及配套罐区	日照岚山港区	190
3	日照港（集团）岚山北港区 10 万吨级油码头	日照岚北港区	800
4	日照港（集团）岚山北港区罐区	日照岚北港区	储罐 320×10⁴ m³
5	岚桥集团沥青项目专用码头	日照岚北港区	100
6	童海港业油品码头及配套罐区	日照岚山港区	190

4.3.4　危险化学品风险识别

近年来，山东省港口、油品码头危险化学品泄漏风险不断增大。危险化学品是指具有爆炸性、易燃性、毒害性、腐蚀性、放射性等危险性质的化学物质，其潜在风险存在于生产、运输、使用、储存、保管诸过程。危险化学品风险主要来自于液体化工码头、盐化工企业、配套罐区建设、石油化工企业、热电厂及陆源排污等。

4.3.4.1　滨州市危险化学品风险源

滨州市危险化学品风险主要来自于陆源排污、液体化工码头及盐化工企业。境内入海河流较多，有沙头河、套尔河及漳卫新河等，大量径流携带了工农业生产污水，极易产生突发性排污事件。2000 年秋到 2001 年春，漳卫新河在流经山西、河南、河北及山东的过程中，导入的污水平均流量为 50.0 m³/s，最大流量为 80 m³/s，化学需氧量平均达 275 mg/L，最高达 512 mg/L，污染后果严重，直接经济损失就达5.43 亿元。2011 年 4 月，徒骇河污水污染事件再次发生，跨流域的污染事件需要高度重视（表 4-16）。

表 4-16　滨州市主要危险化学品风险源

序号	工程名称	位置	运行状态	海域敏感目标	主要危险化学品种类	生产量或储存量（×10⁴ t/a）
1	滨州港海港港区液体化工码头	无棣县	在建	滨州贝壳堤岛与湿地国家级自然保护区、东营河口浅海贝类生态国家级海洋特别保护区、养殖区、盐田	甲苯、苯、汽油、石油脑、燃料油、MTBE、芳烃、汽油、DMF	350
2	滨州港套尔河港区	无棣县与沾化县之间	运营	养殖区、盐田	化工原料	260
3	鲁北化工	无棣县	运营	养殖区、盐田	原油	200
4	滨化集团、埕口盐化集团	滨城区、无棣县	运营	养殖区、盐田	环氧丙烷、环氧氯丙烷	30
5	套尔河港区滨州港务有限公司	无棣县	运营	养殖区、盐田	多元醇、油脂	120

4.3.4.2 东营市危险化学品风险源（表4-17）

东营市近岸海域的盐卤资源丰富，加上丰富的海上油气资源，使得东营市沿岸分布着许多以盐化工和石油化工业为主的重化工企业。盐化工企业主要危险化学品种类为溴素，风险特点是盐化工业刚刚起步，主要以原盐生产为主，烧碱、纯碱、氯化镁等盐化工产品少，产业链条短，深加工处理水平低，重卤水排放严重，容易对海水造成污染；现代石油化工企业的风险特点主要是装置日趋密集，设备日趋庞大，管线日趋复杂；易燃易爆、易聚合、有毒、有害物质在贮存、运输、生产等环节中出现的频率增加，企业的作业环境及其周围环境的危险性也随之增大。

东营现已投入运营的液体化学品码头位于东营港北港区，主要危险化学品种类为碱、二甲苯、甲醇、苯酚、氯仿和丙酮，储存量197×10^4 t；东营港待建、在建液体化工码头工程完工，液体化学品年吞吐量将超过$1\,000\times10^4$ t。

东营危险化学品泄漏风险源周围敏感目标主要有黄河三角洲自然保护区、海洋生态特别保护区、海水养殖区、胜利油田码头及海上采油平台和管线等。

表4-17　东营市化工企业危险化学品风险源

序号	企业名称	位置	主要危险化学品种类	年产量（t/a）	储存量（t）
1	东营国光卤水综合开发有限公司	广饶县	溴素、原盐	750	5
2	东营昌通化工有限公司	广饶县	溴素、原盐	1 000	2~3
3	山东新远盐化有限公司	广饶县	溴素、原盐	1 000	2~3
4	东营海惠工贸有限公司	广饶县	溴素、原盐	1 000	2~3
5	东营海宝盐业有限公司	广饶县	溴素、原盐	1 000	2~3
6	山东海宏实业集团有限公司	垦利县	溴素、液氯	溴素设计生产规模400 液氯设计使用量400	溴素现存20 液氯现存10
7	东营市万丰盐业化工有限公司	垦利县	溴素、液氯	溴素设计生产规模300 液氯设计使用量300	溴素现存0 液氯现存3
8	东营广源盐化有限公司	垦利县	溴素、液氯	溴素设计生产规模100 液氯设计使用量100	溴素现存4 液氯现存2

4.3.4.3 潍坊市危险化学品风险源

潍坊市危险化学品潜在风险源为盐化工、溴素厂、入海排污口及在建待产的潍坊西港区化学品泊位。主要危险化学品有溴素、烧碱、丁烯醇、甲醇、环氧丙烷、燃料油等。目前，某些碱厂废清液和溴素厂的强酸及高盐废水等从入海排污口违规直接排放入海，加重了对海洋环境的污染，排污口邻近海域水质还远达不到海洋功能区的水质要求，污染依然严重。

4.3.4.4 烟台市危险化学品风险源

烟台市主要有蓬莱市安邦油港有限公司、开发区烟台港西港区石油化工码头、莱州东方石油化工港储有限公司、山东省龙口煤炭储备配送基地项目等为重点监测对象，上述区域都为危险化学品泄漏高风险区域。烟台市近几年没有发生危险化学品污染事故。

4.3.4.5 威海市危险化学品风险源

威海海岸线曲折，海湾众多，是港口、码头比较集中的区域。近海航道运输业的发展，往来船只的增多，码头及船舶维修企业的增加，导致近岸海域油污染风险加大。以威海湾为例，湾内有船厂、码头、保护区、养殖区、滨海旅游区、航道锚地区多种海域功能区，各类商业运输船只、养殖作业船只及旅游观光船只往来频繁，导致发生突发性事故的几率增加。

4.3.4.6 日照市危险化学品风险源（表 4-18）

近几年日照市液体化工码头及配套罐区建设，主要分布在岚山港区，具体有：位于岚山港区的岚山港务有限公司化工码头 1#和 2#泊位及相应的配套罐区，装卸的主要化学危险品有：化工品苯类（环氧丙烷等）、酸类（硫酸等）、醇类（甲醇、乙醇等）、油类（汽油、柴油）、沥青等。位于岚山中港区的岚桥集团液体化工泊位以及配套罐区，装卸的主要化学危险品有：甲苯（保温）、苯、丙烯腈、邻二甲苯、乙醇、燃料油等（见表 4-18）。作为长江以北重要的液体石油化工品集散地，岚山港区液体散货（不含原油）吞吐量由 2002 年的 $31×10^4$ t 增长到 2008 年的 $297×10^4$ t，年均增长 45.74%。

表 4-18 日照市危险化学品风险源

序号	工程名称	地区	危险化学品种类及分类	生产量或储存量
1	岚山港务有限公司化工码头配套罐区	日照港务有限公司港区	化工品苯类（环氧丙烷等）、酸类（硫酸等）、醇类（甲醇、乙醇等）、油类（汽油、柴油）、沥青等	$120×10^4$ t
2	岚山港务有限公司化工码头 1#和 2#泊位	日照港务有限公司港区	化工品苯类（环氧丙烷等）、酸类（硫酸等）、醇类（甲醇、乙醇等）、油类（汽油、柴油）、沥青等	$27×10^4$ t
3	岚桥集团液体化工泊位	岚北港区岚桥防波堤以南	甲苯（保温）、苯、丙烯腈、邻二甲苯、乙醇等	年吞吐量 $80×10^4$ t（3#、4#液体散货泊位建设中，预测为 $245×10^4$ t）
4	岚桥港务有限公司罐区	岚山港区岚桥防波堤以南	原料油、燃料油、汽油、石脑油等	罐区总容量 $64×10^4$ m^3

山东省各地市中生产或储存危险化学品的港口、油品码头以东营市和日照市分布数量最多，分别为 16 个和 11 个，年总产量或储存量均超过 $1\,000×10^4$ t（表 4-19）。

表 4-19 山东省港口、油码头危险化学品概况

地市	主要分布地区及数量	海域敏感目标	主要危险化学品种类	周围最大人口密度（万人/km²）（为所在县区最大平均人口密度）	主要危险品总产量或储存量（×10⁴ t/a）
滨州	无棣县、无棣县与沾化县之间，5 个	滨州贝壳堤岛与湿地国家级自然保护区、东营河口浅海贝类生态国家级海洋特别保护区养殖区、盐田	甲苯、苯、汽油、石油脑、燃料油、MTBE、芳烃、汽油、DMF、原油、环氧丙烷、环氧氯丙烷、多元醇、油脂	0.040	960
东营	河口区、广饶县、垦利县，16 个	黄河三角洲自然保护区、胜利油田码头、东港村、海上采油平台和管线、养殖区、油田区等	液碱、烧碱、苯、甲苯、二甲苯、对二甲苯、甲醇、苯酚、苯乙烯、氯仿、丙烷、丙酮、含丙烯液化气、成品油、丙烯腈、丙烯、液化气、丁二烯、异丁烯、溴素、原盐、液氯	0.042	1 073.7

地市	主要分布地区及数量	海域敏感目标	主要危险化学品种类	周围最大人口密度（万人/km²）（为所在县区最大平均人口密度）	主要危险品总产量或储存量（×10⁴ t/a）
潍坊	寿光市、寿光老河口海域，8个	羊口盐场、底播养殖区、池塘养殖区、菜央子盐场、小清河航道、老河口附近海域	烧碱、丁烯醇、乙醇、PVC（聚氯乙烯）、氯丙烯、液体硫黄、氯碱、环氧丙烷、汽油、柴油、燃料油、润滑油、煤焦油、液碱、甲醇、环氧丙烷、溴素	0.052	960.4
烟台	芝罘区、经济技术开发区、莱州市、龙口市、蓬莱市，6个	筏式养殖区、底播养殖区、设施养殖区、底播养殖区、养殖场、沙滩、旅游度假区、港口区	石油及制品、沥青、化工原料及制品、燃油、煤油、氯仿、重油、沥青、植物油、石油、煤炭、原油	0.40	1 000余
威海	威海经区、环翠区，2个	威海市刘公岛国家级海洋生态特别保护区、刘公岛国家级海洋公园	汽油、柴油、航空煤油、双用途煤油、石脑油、甲醇、糠醇、苯、甲苯、二甲苯、甲基叔丁基醚、乙醇、芳烃混合物	0.148	19.65
日照	岚山区、东港区，11个	东潘村渔港	芳香烃、燃油、化工轻油、基础油、轻质燃料油、沥青、苯酚、邻二甲苯、苯、甲苯、苯乙烯、丙酮、乙酸乙酯、丙烯、丙烯腈、丁苯胶乳、乙烯焦油、化工品苯类（环氧丙烷等）、酸类（硫酸等）、醇类（甲醇、乙醇、辛醇等）、油类（汽油、柴油、石脑油、原油等）、石油天然气、石油化工产品	0.0581	1 100余

4.3.5 建议措施

（1）加强风险预警能力建设，制定海洋环境风险评价方法标准，启动山东省海洋风险源数据库建设。

我国目前尚无统一的海洋环境风险评价方法，亟须进行风险源识别、风险因子筛选、风险表征等各项调查研究工作，建立适应我国国情的海洋环境风险评价方法标准。系统开展风险源普查工作，建立海洋环境风险源数据库，加强对海洋风险源的监测、监视及风险的预报、预警系统的基础能力建设。

（2）开展溢油风险源和危险化学品风险源专项普查，制定完善的生产安全管理制度，制定详细快速有效的溢油和化学危险品风险应急预案。

4.4 海洋工程

近年来，由于经济社会的快速发展，环渤海地区沿海省市对采用填海造陆拓展发展空间的需求持续增加。山东省是港口资源较为集中的省份，全省港口年吞吐量已达 $10×10^8$ t 余，成为全国唯一一个拥有 3 个亿吨级海港的省份。这些产业对占用沿海滩涂资源，采用填海造陆等方式拓展发展空间的需求旺盛。虽然围填海增大了陆域面积，但不少地方岸线发生变形或缩短。部分地方实施的防潮堤工程位于海湾内部，海岸线经裁弯取直后长度大幅度减少，沿岸动态平衡遭到一定破坏。

2010 年以来，山东省海域使用确权证书宗海面积合计为 354 290.061 hm²，其中渔业用海面积达到

333 938.656 1 hm²，占用海总面积的 94.26%。其他用海类型包括工业用海、交通运输用海、旅游娱乐用海、海底工程用海、排污倾倒用海、造地工程用海、特殊用海等多种类型。从各地市审批用海面积上看，以威海市确权证书宗海面积最大，为 200 617.402 5 hm²；烟台市次之，面积为 65 955.982 9 hm²（图 4-3、图 4-4）。

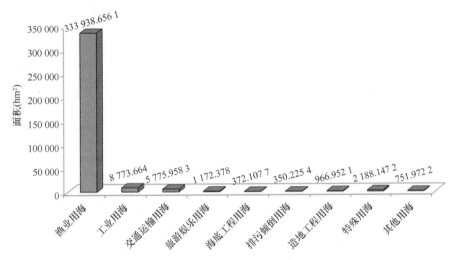

图 4-3　2010—2014 年山东省审批用海类型面积统计

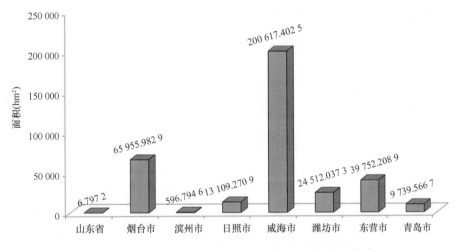

图 4-4　2010—2014 年山东省各地市审批用海面积统计

近年来，各地用海刚性需求不断增长，用海规模扩大，海洋工程增多。2012 年、2013 年、2014 年山东省核准的海洋工程分别有 67 个、76 个和 79 个，主要集中在莱州湾、胶州湾、芝罘湾、海州湾近岸，其周边海域环境压力较大。其中，2014 年核准的 79 个项目从区域分布上潍坊和烟台占比较大，所占比例之和为 53%（图 4-5）。

按工程类型分，2014 年山东省省管海洋工程中，城镇建设填海、工业与基础设施建设填海、区域（规划）开发填海、海湾改造填海、滩涂改造填海等工程 49 个（62.03%），需要围填海的集装箱、液体化工、多用途、煤炭和矿石散杂货码头、渔码头等工程 24 个（30.38%），海上堤坝、防波堤、导流堤、围堰等工程 6 个（7.59%），围海、填海工程占比较大（图 4-6a）。

围填海用海项目的增多，特别是邻近重要海湾、河口、滨海湿地和保护区用海项目的增多，给近岸海域带来愈加严重的生态环境压力。2014 年核准的 79 个项目中，6 个项目位于重要海湾内（双岛湾），9

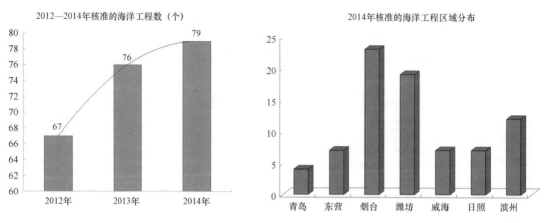

图 4-5　山东省核准的管海洋工程审批情况

个项目邻近保护区和生态红线区，分别占 7.6% 和 11.4%（图 4-6 b）。

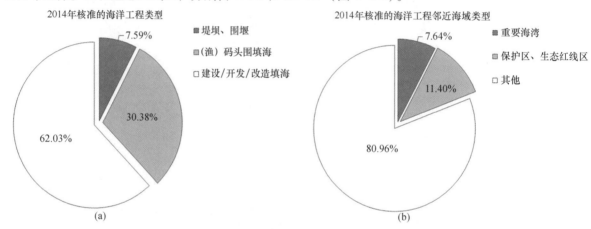

图 4-6　2014 年山东省核准的海洋工程及邻近海域类型

卫星遥感监测发现，1990—2010 年莱州湾面积减少量逐年增加（表 4-20），成为环渤海地区围填海面积最大、开发强度最强的区域。黄河三角洲不断向海淤进，莱州湾海岸线因养殖池充填造成岸线缩短数百千米。

表 4-20　莱州湾各时期面积减少情况

海湾名称	海湾面积（hm²）	1990 年	2000 年	2005 年	2007 年	2008 年	2010 年	用海类型
莱州湾	413 480.9	101 571.9	108 414.1	133 478.3	141 757.9	141 757.9	143 831.0	盐田、养殖、港口、工业

此外，山东省初步规划到 2020 年，集中连片建设用海 50 km² 以上，投资额 1 000 亿元以上的区域，选划为"大集中"；集中连片建设用海 5 km² 以上，投资额 200 亿元以上的区域，选划为"小集中"。全省共选划了 9 个"大集中"区和 10 个"小集中"区（图 4-7），集中搭建独具优势的海陆统筹新平台、承载人口和产业转移的新平台。到 2020 年，"九大十小"集中集约用海区规划海陆总面积约 1 500 km²，包括近岸陆地 800 km²，集中集约用海 700 km²，其中"九大"集中区规划使用近岸陆地 600 km²，集中集约用海 600 km²，"十小"集中区使用近岸陆地 200 km²，集中集约用海 100 km²。

2009 年以来，山东省获得批复的区域建设用海规划 5 个，分别为潍坊滨海生态旅游度假区、龙口湾临港高端制造业聚集区（招远部分）、烟台东部海洋文化旅游产业聚集区、丁字湾海洋文化旅游产业聚集区（海阳部分）、招远市人工岛建设区域用海规划。山东半岛蓝色经济区（渤海区域）围填海面积为42.15 km²。

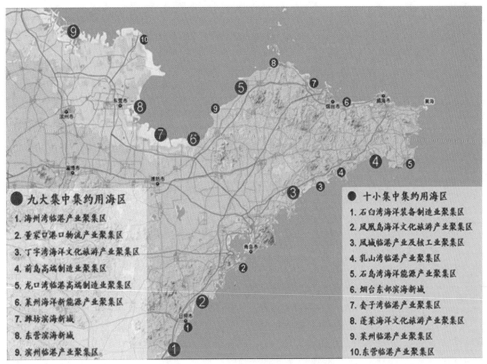

图 4-7　山东省集中集约用海规划

针对海洋工程类风险源，应定期对山东省海洋工程建设项目进行详细排查，全面掌握山东省海洋工程建设情况，进一步规范涉海工程环境影响监管，提高审批效率和服务水平。完善涉海工程环境保护综合管理体系，落实监管责任，扎实做好海洋工程审批、监管、跟踪监测工作，实现环评规范化和海洋环保监管常态化。充分发挥"两级政府、三级管理、四级网络"的作用，建立海洋工程建设项目防治污染措施联动防控网络与海洋违法建设预警和联动机制。

4.5　海水入侵与土壤盐渍化

海水入侵分为自然和人为两个原因。海水入侵是海滨地区地下水的水动力条件发生变化，使海滨地区含水层中的淡水与海水之间的平衡状态遭到破坏，导致海水或与海水有水力联系的高矿化地下咸水沿含水层向陆地方向扩侵的现象。土壤盐渍化是土壤中积聚盐分形成盐渍土的过程，可以说咸水入侵对土壤盐分含量有着直接而明显的影响，是土壤盐分积聚的主要控制因素，咸水入侵造成了滨海地区土壤盐渍化的加重。海水入侵是引起滨海土壤盐渍化的主要驱动力。海水入侵后，会使深层土壤矿化度升高，伴随着地下水的使用，海水中的可溶盐类还会被带至土壤表层，造成整个地表的盐碱化。当土壤中含盐量过高，将抑制植物的生长，甚至导致死亡。此外，过量的盐分还会造成土壤板结，影响土壤中有机质的分解与转化。直接后果就是植被衰败和农作物减产，最终导致整片土壤退化。

山东省近岸海域是我国海水入侵、土壤盐渍化、海岸侵蚀等灾害高发区，其中滨州、潍坊区域海水入侵距离常年保持在 13~30 km 范围，且没有减弱趋势（表 4-21）。2010 年以来，山东省土壤盐渍化范围基本保持平稳，盐渍化程度较为严重（表 4-22）。2014 年监测结果显示，滨州土壤盐渍化程度较轻，监测区域无盐渍化现象，距岸距离呈下降趋势；潍坊监测区域盐渍化程度较 2013 年同期持平；烟台断面情况较好，监测区域无盐渍化情况；威海监测区域盐渍化程度有所加重，距岸距离与 2013 年持平。与 2013 年同期相比，2014 年潍坊昌邑柳疃断面个别站位氯离子含量明显升高，监测到的最大氯化物（Cl⁻）位于昌邑柳疃监测断面，为 57 598.48 mg/L，入侵距离与 2013 年持平；烟台地区海水入侵较轻，距岸距离保持在 5 km，其中烟台莱州朱旺村监测区入侵范围有所增加；威海张村断面海水入侵程度与 2013 年持平，初村断面情况较好，不存在海水入侵现象，入侵距离与 2013 年持平。

表 4-21 2010—2014 年山东省沿海地区海水入侵范围及变化趋势

监测断面位置	海水入侵距离（km）					
	2010 年	2011 年	2012 年	2013 年	2014 年	2014 年与 2013 年相比
威海初村镇	—	1.79	1.37	—	—	—
威海张村镇	—	5.19	5.96	3.04	3.0	≈
滨州无棣县	13.4	13.4	13.4	13.05	>13.05	≈
滨州沾化县	29.32	29.32	29.32	22.48	>22.48	≈
潍坊寿光市	32.1	32.1	32.1	21.66	>21.66	≈
潍坊滨海经济技术开发区	27.33	27.32	27.36	29.39	>20.22	≈
潍坊寒亭区央子镇	29.99	29.98	30.1	22.85	>15.97	≈
潍坊昌邑柳疃	17.87	17.87	17.87	13.77	>13.77	≈
潍坊昌邑卜庄镇西峰村	23.58	23.8	23.87	15.91	>15.91	≈
烟台莱州朱旺村	3.68	3.68	3.68	1.9	>1.99	↑
烟台莱州海庙村	4.95	4.95	5.21	4.85	>4.85	≈

注："—"表示未发生海水入侵；"↑"表示海水入侵距离增加；"↓"表示距离较少；"≈"表示距离稳定。

表 4-22 2010—2014 年山东省沿海地区盐渍化范围及变化趋势

监测断面位置	土壤盐渍化距岸距离（km）					
	2010 年	2011 年	2012 年	2013 年	2014 年	2014 年与 2013 年相比
威海初村镇	—	8.39	9.77	3.61	3.61	≈
威海张村镇	—	6.26	8.01	6.37	6.37	≈
滨州无棣县	13.4	10.79	13.4	14.39	—	↓
滨州沾化县	29.32	29.32	22.7	22.58	—	↓
潍坊寿光市	32.1	32.1	32.1	21.69	21.69	↓
潍坊滨海经济技术开发区	28.1	28.1	28.1	20.16	—	≈
潍坊寒亭区央子镇	30.1	30.1	30.1	16.03	7.19	↓
潍坊昌邑柳疃	17.87	17.87	17.87	—	—	≈
潍坊昌邑卜庄镇西峰村	23.87	23.87	23.87	0.51	0.48	≈
烟台莱州朱旺村	0.27	—	2.48	—	—	≈
烟台莱州海庙村	4.95	—	1.46	—	—	≈

注："—"表示未发生盐渍化；"↑"表示土壤盐渍化距增加；"↓"表示距离较少；"≈"表示距离稳定。

　　根据沿海地区海水入侵机制中的因素关系，诱发山东地区海水入侵因素包括自然因素和人为因素。其中自然因素主要包括降水量减少、地质构造影响、地形地貌因素、风暴潮影响；人为因素主要包括超量开采地下水、上游人工蓄水工程、海水养殖、扩建盐田等。实际上，不合理地开采地下水（包括过量开采与布井不合理）是导致海水入侵的直接原因，其问题的实质是水资源的供需失调，海水养殖、晒盐工业等人为活动对海水入侵也起着不同程度的促进作用。防止海水入侵的主要措施包括开源节流（增加地下淡水补给量、减少地下淡水排泄量、限制地下水开采量）、阻挡咸水（设置地下帷幕和地表防潮设施等）和适应性生态改良（进行入侵区生态改良实验，利用地下微咸水或淡水混合利用浇灌耐盐作物、分区治理）。同时应加强海水入侵区的监测，采用多种指标、多种方法综合评价海水入侵的程度和范围，掌握入侵状况，为治理提供基础数据。

山东省的土壤盐渍化严重地区主要分布在威海地区，滨州和潍坊部分地区土壤盐渍化情况 2014 年有所好转，范围呈减小趋势，烟台监测区域无盐渍化情况。土壤积盐受气候变化的影响呈明显的季节变化，春季随着气温升高，蒸发量远大于降水量，盐分随水分运动积聚表层。据文献报道，土壤全盐与海水的矿化度具有显著的相关性，表明咸水入侵对土壤盐分含量有着直接而明显的影响，是土壤盐分积聚的主要控制因素，咸水入侵造成了滨海地区土壤盐渍化的加重趋势，海水入侵是引起滨海土壤盐渍化的主要驱动力。盐分是农业生产中主要的限制因素之一。当土壤的含盐量达到 0.3% 时，作物生长会受到严重抑制，而超过 0.3% 时，作物几乎不能生长。

海水入侵是一种复杂的海岸带地质灾害现象，是在生态、资源的有限性和社会经济扩张发展的矛盾运动中引发的，涉及地理地质条件、气候和人类活动等各方面因素，对其治理工作也并非是解决单一经济指标和环境要素的问题。因此，必须以生态经济学原理为指导，采用综合性的海岸带防治措施，方能取得较好的防治效果。同时应加强土壤盐渍化区的监测，采用多种指标、多种方法综合评价土壤盐渍化的程度和范围，加强土壤盐渍化区域的海水入侵监测与研究，掌握海水入侵与土壤盐渍化的关系，为治理提供基础数据和技术支撑。此外，应避免过量开采地下水，保证一定的河流径流量，保护海岸带含水层中的淡水和海水平衡，加强对海水池塘养殖、盐田项目的建设论证，避免人为抬高海水水位。

目前，国内外治理海水入侵大都采用工程技术方法，主要包括拦蓄补源、地下水回灌、阻止海水水头法以及地下水库的建设等方法。拦蓄补源、地下水回灌、地下水库建设等方法通过建设地下水力帷幕，达到以淡压咸，阻止海水向陆入侵的目的。阻止海水水头法是通过修建防渗帷幕、防潮堤（闸）等工程设施，阻止海水入侵通道。该方法具有一定的现实效用，但从长期来看，它阻止了海—陆之间大部分的物质循环和能量流动，对海岸带生态系统的利弊影响有待进一步观察。

现阶段，应对现有生态功能区科学定位，适度开发，增加各功能区的衔接和互补功能。积极调引客水，加快海水淡化产业和中水回用技术的发展。转变传统的农业耕作模式，发展生态农业。深入开展工业产业结构调整，注重采用先进的工艺和设备。

4.6　赤潮

赤潮（red tide）是在特定环境下，海水中某些浮游植物、原生动物或细菌暴发性增殖或者高度集聚而引起的水体变色的有害生态现象。依赤潮发生的原因、种类和数量的不同，水体会呈现出不同的颜色，如绿色、黄色、棕色等。有时某些赤潮生物引起赤潮时并不引起海水呈现任何特别的颜色。赤潮灾害主要发生在近海水域，面积可达几百至上万平方千米，涉及的海水深度约为 3 m。目前，已发现能引发赤潮的浮游生物有 300 余种，大多数赤潮发生时只有一种优势赤潮物种，但有时也会出现两种赤潮的优势物种。发生于山东海域的赤潮藻种类主要为夜光藻、红色裸甲藻、红色中缢虫、海洋卡盾藻、中肋骨条藻和棕囊藻等（表 4-23），其中，棕囊藻、塔玛亚历山大藻、红色赤潮藻、赤潮异弯藻、海洋卡盾藻等均为有毒赤潮藻。有毒藻类产生的赤潮毒素通过生物富集作用，人类食用后对人体健康产生毒害作用。根据对人体不同的中毒症状和作用机理，赤潮毒素又可分为麻痹性贝类毒素（Paralytic Shellfish Poisoning, PSP）、腹泻性贝毒（Diarrheic shellfish poisoning DSP）、记忆缺失性贝毒（ASP - Amnesia Shellfish Poisoning）、神经性贝毒

（NSP-Neurotoxic Shellfish Poisoning）、西加鱼毒（甲藻鱼毒）（CFP-Ciguatera Fish Poisoning）5 类毒素。

表 4-23　2010—2014 年山东海域赤潮灾害统计

时　间	地　点	成灾面积（km²）	赤潮生物种
2014 年 3 月 26—28 日	莱州金城与招远交界近岸海域	约 66	夜光藻
2014 年 4 月 14—15 日	青岛市奥帆基地附近	约 0.01	夜光藻
2014 年 8 月 28 日至 9 月 5 日	烟台市莱山区东泊子村附近海域	约 19	海洋卡盾藻
2014 年 9 月 22—23 日	长岛县北部岛屿及周边海域	约 890	海洋卡盾藻
2013 年 2—3 月	小清河口邻近海域	约 70	中肋骨条藻、朱吉直链藻
2013 年 5 月	青岛近海	0.039	夜光藻
2013 年 9 月	小清河口邻近海域	约 10	大洋角管藻
2012 年 5 月 3 日至 6 月 11 日	日照东附近海域	780	夜光藻
2012 年 5 月 8—11 日	青岛浮山湾附近海域	10	夜光藻
2012 年 6 月 19—24 日	山东半岛南岸中部黄海海域	10	夜光藻
2012 年 9 月 14—17 日	青岛浮山湾海域	0.4	旋沟藻
2012 年 10 月 25—29 日	烟台体育公园北部至马山寨附近海域	5	红色裸甲藻
2010 年 9 月 13—18 日	烟台莱山区马山寨附近海域	3.45	海洋卡盾藻
2010 年 9 月 6—10 日	烟台莱山区马山寨附近海域	6.02	中肋骨条藻、尖刺拟菱形藻
2010 年 9 月 6—7 日	烟台牟平西山北头附近海域	3	异弯藻

　　赤潮的发生与海洋水域的富营养化程度及当时的气象因素密切相关。水体富营养化是指在人类活动的影响下，生物所需的氮、磷等营养物质大量进入湖泊、水库、河流和海湾等水体，引起藻类及其他水生生物迅速繁殖，这会导致水体溶解氧下降，水质恶化，鱼类及其他生物大量死亡。在温度、盐度适宜，海水水体稳定的情况下，海水的富营养化就会使赤潮生物迅速繁殖，海洋环境恶化，形成赤潮。造成水体富营养化的主要原因是氮、磷等营养物质的输入。

　　近年来，对河口、海洋中有害赤潮的研究也显示，有害赤潮的暴发频率、规模都有增加的趋势，这在很大程度上是由于人类活动输入近海的营养物质大量增加造成的。人类活动不仅改变了海水中营养物质的浓度，也使营养物质的结构发生了变化。如主要营养盐氮、磷、硅之间比例的改变，以及有机态营养物质如尿素等，在整个营养物质中所占比例的上升等。与营养物质浓度变化相比，营养物质结构的改变更易于造成浮游植物中优势类群的更替，一些有害的微藻可能占据优势，并形成赤潮。

　　有害赤潮的形成还受到各种物理环境因子的影响。从宏观效应来看，赤潮的扩散、分布和动态过程受到环流、潮汐、上升流、水体层化、锋面，以及水温、盐度、光照等环境因子的影响。从微观效应来看，赤潮藻种的生长也会受到温度、盐度、光照，乃至水体扰动等因素的影响。一定程度的扰动对于硅藻的生长有促进作用，因为扰动有利于水体的混合，便于硅藻获得更多的营养盐，而甲藻对于水体的扰动则非常敏感，因此，甲藻赤潮大多发生在相对稳定的层化水体中。气候的短期波动和长期变化，也会通过对水温、盐度、营养物质等环境因子的控制而影响有害赤潮的发生。

　　赤潮形成后，造成的灾害主要体现为对海洋生态系统的破坏、对人体健康的危害和造成海洋经济的影响。对海洋生态系统的破坏是：赤潮的发生，造成局部海域的水生动物缺少饵料来源，阻断海洋食物链；部分赤潮生物粘在海洋生物腮上，导致海洋生物窒息死亡；有的赤潮生物本身含有生物毒素，引起海洋生物中毒死亡；赤潮生物大量增殖，遮蔽水面，影响水面下层采光；赤潮消退后，生物体消解会消耗水体中的大量溶解氧，分解过程中，也会释放有害的化学物质，导致海洋生物缺氧、中毒。

　　渤海是我国唯一的内海，其水域较浅，平均水深 18 m，海域相对封闭，海水水体的交换能力差，海域生态系统结构简单，自净能力差。再加上近年来环渤海地区的开发和发展缺乏严格的环境保护措施，海湾沿岸排污口大量排污，海域环境遭受严重污染，从而导致赤潮现象频繁发生。从历年海域赤潮灾害空间分布来看，山东沿海的赤潮主要集中在莱州湾和黄河口海域、烟台至威海沿岸，胶州湾和青岛近海，近几年有向山东省北部海域扩散的趋势（图4-8）。

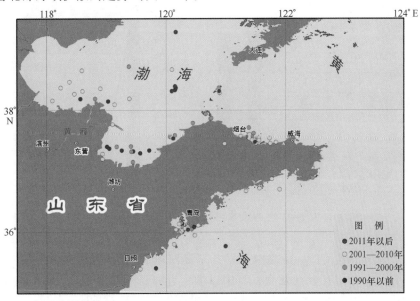

图 4-8　山东省海域赤潮灾害空间分布（1959—2014 年）

根据历史记录、各类公报等信息来源统计，截至 2014 年底，山东海域赤潮灾害发现次数共计 102 次，累计面积近 18 000 km²。其中，最早赤潮记录是 1952 年出现在黄河口一带的夜光藻赤潮，记录面积为 1 400 km²。其中，2005 年赤潮发生次数 12 次，为有记录以来最多的一年；而赤潮总面积最大值则出现在 1990 年，当年赤潮面积超过 3 700 km²。

2010 年以来共发生赤潮 15 次，年平均发生次数为 3 次，整体呈现上升趋势。2014 年，山东省海域累计发现赤潮 4 次，成灾面积约 975 km²，赤潮发生面积和频率较上年有所增加，且出现新变化，有毒化、时间提早化、面积增大化趋势较为明显，一些有毒的甲藻和黄藻逐渐成为赤潮发生的主力军，其潜在危害不容忽视（图4-9）。

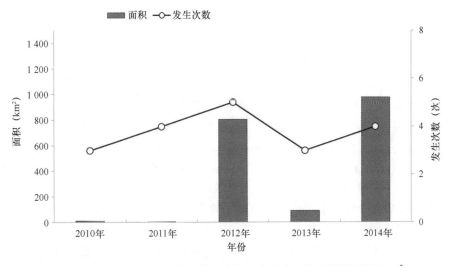

图 4-9　2010—2014 年山东省海域赤潮灾害发生次数和累计面积（km²）

从赤潮灾害发生的时间来看，主要集中在每年的 5—10 月，其中，9 月发生赤潮灾害次数较为频繁（图 4-10）。

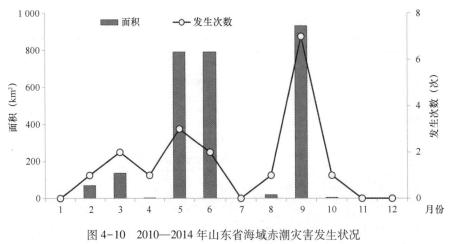

图 4-10　2010—2014 年山东省海域赤潮灾害发生状况

从赤潮发生的海域来看，黄河口、长岛海域、芝罘岛海域、乳山至海阳海域、沙子口海域、小清河口邻近海域和青岛、日照近海均有赤潮发生，其中以烟台近海、东营近海、乳山、青岛近海赤潮灾害发生得最为频繁。

从赤潮生物种来看，以夜光藻、球形棕囊藻、红色裸甲藻和海洋卡盾藻为主。黄河口、莱州湾和胶州湾海域成为高发区，主要源于渤海湾及胶州湾的半封闭型地理形态，导致水交换不畅，加之沿岸径流带来的大量陆源营养物质输入，加快了该地区海水富营养化的进程，增加了赤潮发生的潜在风险。赤潮藻种类主要为夜光藻、红色裸甲藻、红色中缢虫、海洋卡盾藻、中肋骨条藻和棕囊藻等。

赤潮频发对山东省海洋生态平衡、海洋渔业和水产资源均造成不同程度的破坏，严重危害人类健康。山东省海水水体富营养化主要是因为近海海域的营养输入大于营养物质消耗速率，营养物质不断积累，初级生产力过剩，水域生态系统的生态环境发生异变，导致富营养化成为必然。可见海水富营养化是形成赤潮的物质基础，因此必须采取有效措施进行赤潮的生态防治工程，控制工业和养殖废水、生活污水向海洋超标排放，减轻海洋负载，提高海洋的自净能力。同时，应加快山东省海洋环境监视网络的建立工作，加强赤潮监视与预报服务，早发现，早防治，早处置，尽量降低赤潮发生对工农业生产和沿岸居民生活的危害程度。

4.7　绿潮

绿潮（green tide）是海洋大型藻暴发性生长聚集形成的藻华现象。人类向海洋中排放大量含氮和磷的污染物而造成的海水富营养化，不仅是许多赤潮发生的重要原因，也是许多绿潮暴发的重要原因。

目前关于黄海绿潮的起源地及发生原因，有多种观点。一种观点认为，漂浮绿藻来源于江苏沿海紫菜养殖筏架；另一种观点认为漂浮藻体来源于水体中的微观繁殖体，并且沿岸海水池塘具有重要作用；还有一种观点认为漂浮藻可能存在多种来源。

自 2007 年以来，山东省海域每年均暴发绿潮。2007 年以前，我国沿海曾出现零星的大型绿藻集聚现象，但规模和影响范围都很小。2007 年首次暴发较大范围的浒苔绿潮，主要影响范围为黄海沿岸，其中青岛地区打捞浒苔数量达 6 000 t 余。2008 年，绿潮暴发影响了整个黄海海域，仅青岛地区打捞大浒苔量高达 100×10^4 t。2010—2014 年的监测结果表明，全省海域绿潮年均覆盖面积约 537 km^2，年均最大分布面积达 31 109 km^2。2010 年以来，每年绿潮暴发情况如下。

2010 年 6 月下旬至 8 月上旬，黄海中北部海域发生浒苔绿潮，持续 40 余天，主要分布在青岛南部海域及黄海中部海域。7 月初浒苔分布面积达到最大，约 29 800 km²，实际覆盖面积约 530 km²。8 月上旬分布面积逐渐减少，8 月中旬浒苔基本消失。

2011 年 5 月下旬首次在江苏盐城外海发现绿潮，随后绿潮覆盖和分布区域不断扩大、北移。6 月 9 日，绿潮最北端跨过 35°36′N，漂移至山东省管辖海域。7 月 19 日，绿潮覆盖和分布面积均达到最大值，分别为 560 km² 和 26 400 km²，主要分布在青岛、日照近岸海域。8 月 21 日，绿潮基本消亡。绿潮对青岛部分海水浴场和滨海景观造成一定影响，绿潮灾害较 2010 年有所减轻。

2012 年 5 月 16 日，首次在黄海南部（最北端 34°30′N）发现绿潮，5 月 19 日，绿潮进入到山东海域。6 月以后，绿潮分布面积和覆盖面积持续增长，并逐渐向偏北方向漂移，6 月 13 日绿潮覆盖面积和分布面积达到最大，分别为 267 km² 和 19 610 km²。2012 年绿潮主要影响日照至威海近岸海域，6 月 15 日开始有绿潮陆续在日照市东侧沿岸海域以及青岛市的团岛至崂山头沿岸海域登陆，7 月初，绿潮面积逐渐减小，至 8 月底，绿潮基本消失。2012 年绿潮灾害较 2011 年有所减轻。

2013 年，绿潮灾害影响面积较上年有较大增长。自 5 月下旬，在日照海域发现浒苔绿潮；6 月漂浮浒苔逐渐北移，最北扩展至成山头东南海域；最大覆盖面积为 790 km²；最大分布面积为 29 733 km²；7 月绿潮分布范围逐渐减小；8 月中旬浒苔绿潮基本消失。2013 年绿潮较往年出现早、规模大，防治难度和工作压力加大。青岛、日照、威海、烟台 4 市累计投入约 1.07 亿元，清理浒苔约 56.35×10⁴ t。

2014 年 5 月 12 日，在江苏盐城以北海域发现浒苔绿潮，6 月至 7 月中旬，漂浮浒苔向东北海域漂移，其影响规模不断扩大，7 月 3 日浒苔覆盖面积达到最大，为 540 km²；7 月 14 日，分布面积达到最大，为 50 000 km²。7 月下旬漂浮浒苔继续向东北海域漂移，分布和覆盖面积开始逐渐减小；至 8 月中旬，浒苔绿潮基本消失。2014 年绿潮呈现发生时间早、发展速度快、影响范围大等特点，主要影响了山东省南部的日照至威海近岸海域，在日照、青岛、烟台、威海等地有绿潮登陆，对沿岸渔业、水产养殖、海洋环境、景观和生态服务功能造成了一定的影响（图 4-11）。

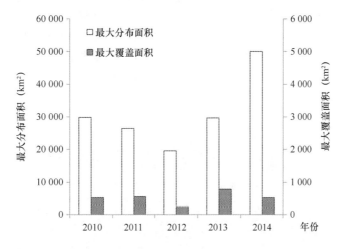

图 4-11　2010—2014 年山东省绿潮最大分布面积和最大覆盖面积

绿潮藻大多是机会种，黄海漂浮绿潮藻优势种浒苔对环境条件具有很强的适应能力，广温广盐且光能利用效率高，对营养盐具有很高的吸收效率。另外，浒苔具有多样性的繁殖和生长方式，在生活史的任何一个中间形态都可以单独发育为成熟的藻体，且孢子和藻体具有较强的抗胁迫能力。因此，漂浮浒苔强大的繁殖能力和生长能力被认为是导致其生物量快速增长而引起绿潮暴发的主要原因之一（图 4-12）。

图4-12　绿潮暴发现场图片

近几年来，漂浮绿潮藻均首先发现于江苏南部小洋口外的太阳岛附近，随后在苏北浅滩区域普遍被发现，并由江苏南部随时间推移逐渐向黄海北部漂移，影响面积和覆盖密度均不断扩大。且近年来黄海绿潮均经历了由零星漂浮绿藻、小斑块、小条带状、大条带直到大面积绿潮形成的过程。苏北浅滩是黄海绿潮发生的主要源头。风场的年际变化所导致的海洋表层流场变化被认为是浒苔输运路径变异的主要原因。

绿潮的暴发会导致海洋生态系统结构的较大改变并对海洋的生物多样性造成影响，暴发之后的绿藻大量消亡，对暴发海域的水质又会造成严重的影响。此外，浒苔绿潮的暴发还会引发一系列的次生灾害，对底栖生态系统产生严重的影响，对沿海的生态环境造成极大的破坏。大规模黄海绿潮还会造成严重的次生危害，主要包括绿潮形成后，遮拦阳光，影响其他海洋植物特别是海草和浮游植物的生长；绿藻腐烂后产生的次生有毒产物，造成水体缺氧，引起水生动物大量死亡，改变动物区系种群结构，对沿海的生态环境造成极大破坏；大量绿潮海藻生物量的堆积严重破坏了沿海的水产养殖业。此外，还严重影响海岸景观，同时腐败后产生的恶臭气味进一步造成了海岸环境的污染。

为遏制绿潮的暴发，应加强绿潮易发海域及易发时段的监视监测预警，切实发挥绿潮志愿者队伍作用。同时，加强绿潮的研究工作，从绿潮发生、发展的机理，物理化学因子等方面进行研究，开展绿潮物种的开发利用研究。此外，还要继续大力开展山东省近岸海域绿潮卫星遥感监测和预警预报工作，建立实时在线监测系统，加强对绿潮易发海域的监测。

4.8　海冰

海冰（sea ice）多指直接由海水冻结而成的咸水冰，是大气和海洋相互作用的结果。海冰灾害是指由海冰引起的影响到人类在海岸和海上活动实施和设施安全运行的灾害，特别是造成生命和财产损失的事件，如航道阻塞、船只及海上设施和海岸工程损坏、港口码头封冻、水产养殖受损等。黄海沿岸受地形和水文条件制约，只在靖海湾、乳山湾、丁字湾、胶州湾等近岸出现海冰。渤海冰情较黄海严重，一般12月开始结冰，翌年2月底消冰，冰期一般2~3个月。山东沿海西部比东部冰情严重，沿岸固定冰带宽0.5 km左右，浅滩可达2~5 km，黄河口附近可达10 km。东部刁龙嘴基本无固定冰。流冰外缘在10~15 m等深线间，离岸15~25 km。

近5年来，山东省海域均出现过海冰灾害。2010年以来海冰灾害发生情况如下。

2009年11月上旬至2010年2月中旬，冷空气活动频繁，全省气温持续偏低，造成渤海结冰、黄河封冻。2009年12月中旬渤海开始结冰，冰情发展迅速，到2010年1月下旬，渤海湾海冰覆盖面积约1.4×10^4 km²，莱州湾约1.1×10^4 km²。渤海海冰灾害持续时间之长、范围之广、冰层之厚，是40多年来最严重的一次，对海上交通运输、生产作业、水产养殖、海洋捕捞、海上设施和海岸工程等造成严重影响。据不完全统计，全省渔业受灾人口达 5.7 万人，受灾面积 $14×10^4$ hm² 余，损失水产品 $20×10^4$ t 余，直接经济损失 26.76 亿元（图 4-13）。

图 4-13　2009/2010 年海冰灾害图片

2010/2011 年海冰灾害较 2009/2010 年有所减轻，但海冰灾害仍对海洋生态环境损害严重。自 2010 年 12 月中旬，山东省冷空气活动频繁，气温持续偏低，沿海出现大面积冰情，渤海湾、莱州湾及胶州湾海域冰情发展较快。2011 年 2 月下旬，山东海域的海冰先后融化。2011 年 1 月 25 日，渤海湾浮冰外缘线 23 n mile，一般冰厚 5~15 cm，最大冰厚 25 cm；莱州湾浮冰外缘线 36 n mile，达到Ⅲ级警报（黄色）标准；胶州湾浮冰外缘线 1.2 n mile。海冰对水产养殖、交通运输和海上设施等造成一定影响，据统计，海冰对山东省共造成直接经济损失约 8.3 亿元。2011 年冰情略重于常年，轻于 2010 年（图 4-14）。

图 4-14　2010/2011 年海冰灾害图片

2011/2012 年冬季山东省海域冰情为常冰年（冰级 3.0），海冰灾害较 2010/2011 年有所减轻。严重冰日和终冰日较常年推后，严重冰情主要出现在 2 月上旬。总冰期 78 d，其中初冰期 41 d，严重冰期 21 d，终冰期 16 d，初冰日为 12 月 12 日，严重冰日为 1 月 22 日，融冰日为 2 月 12 日，终冰日为 2 月 27 日。冰外缘线离岸距离和海冰分布面积与常年基本持平。2012 年 2 月 8 日，海冰分布面积共计 8 875 km²（渤海湾和莱州湾海冰面积之和），为 2011/2012 年冬季最大值。大部分海域冰厚较常年偏薄，冰厚 5~10 cm。2011/2012 年冬季全省海冰灾害直接经济损失 1.54 亿元，较 2010/2011 年度明显减轻。海冰灾害所造成损失主要集中在海水养殖方面，受损养殖面积 $3.8×10^4$ hm²（图 4-15）。

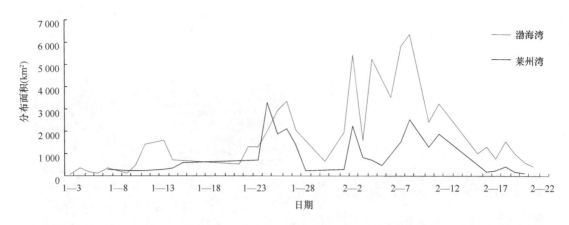

图 4-15　2011/2012 年冬季山东省海域海冰分布面积变化

2012/2013 年冬季山东省沿海冰情较常冰年略偏重（冰级 3.5），严重冰期 44 d，较常年偏长；严重冰日为 1 月 2 日，较常年提前；融冰日为 2 月 15 日，较常年推后。浮冰外缘线离岸最大距离和海冰最大分布面积均较常年偏大，大部分海域冰厚与常年状况持平。渤海湾冰情总体水平接近常年，海冰最大分布面积 6 490 km²，严重冰期 44 d，浮冰外缘线离岸最大距离 22 n mile；莱州湾总体冰情略重于常年，海冰最大分布面积 4 102 km²，严重冰期 21 d，浮冰外缘线离岸最大距离 28 n mile（图 4-16）。

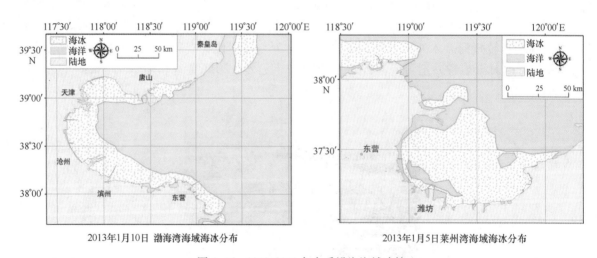

图 4-16　2012/2013 年冬季沿海海域冰情

2013/2014 年冬季近岸海域冰情较常年偏轻（冰级 1.0），冰期 69 d，严重冰期 4 d，与常年和 2012/2013 年冬季相比，冰期明显偏短，初冰日和严重冰日推后，融冰日和终冰日提前，各海域浮冰外缘线离岸最大距离和海冰最大分布面积均较常年偏小，大部分海域冰厚较常年偏小。渤海湾为轻冰年，冰期 69 d，严重冰期 4 d，海冰仅分布在近岸的半封闭和浅水区域以及沿岸的河口浅滩处，浮冰最大分布面积为 699 km²，浮冰外缘线离岸最大距离 5 km；莱州湾为轻冰年，冰期 61 d，严重冰期 4 d，海冰主要分布在莱州湾西侧海域，浮冰最大分布面积为 478 km²，浮冰外缘线离岸最大距离 5 km（图 4-17）。

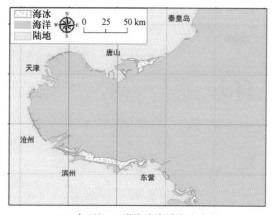

2014年2月11日渤海湾海域海冰分布

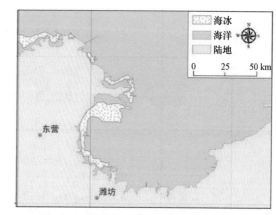

2014年2月11日莱州湾海域海冰分布

图 4-17　2013/2014 年冬季沿海海域冰情

　　海冰不仅对海洋水文状况、大气环流和气候变化会产生巨大的影响，而且会直接影响人类的社会实践活动。随着人类海上活动的增加，冬季海冰的危害和威胁也日渐增多。在海冰易暴发季节，应密切监视，开展山东省近岸海域海冰卫星遥感监测和预警预报工作，时刻准备采取得力措施组织抗灾救灾，保障渔业群众的生产生活秩序，最大限度地减少灾害影响。

第5章　海洋生态环境综合管控

5.1　海洋环境监测站位布设优化

目前，山东省海洋环境保护工作正向着"精细化、规范化、现代化"的基本模式推进，而监测站位的布设位置、数目及监测频次等是做好海洋环境监测工作的基础。近年来的海洋环境监测数据及全省海洋环境实际情况显示，山东省海洋环境监测工作站位的布设仍存在一些问题，主要体现在以下几个方面：一是部分站位设置缺乏关联性，现有监测任务的设定主要是围绕某一功能区划或设定海域，站位布设也主要围绕某一特定功能区或设定区域孤立布设，未考虑与周边海域的关联性，缺乏统筹性；二是部分监测海域存在交叉重叠，由于监测评价工作的需要，部分监测任务监测海域存在交叉重叠，分别进行站位布设，同时由于监测指标和评价标准的不同，各站点数据不能充分利用，不能实现一站多用的目标，造成监测工作的重复和资源的浪费；三是技术规范的缺失，造成个别站位布设不尽合理，现有海洋环境监测技术规范，对各监测任务的站位布设都有原则性要求，但由于部分监测工作缺少技术规范要求，个别监测任务站位布设不尽合理，缺乏代表性和科学性；四是行政区划的分割，打破了站位布设的时空一致性。全省海洋功能区划的划定，属于山东省层面统筹，打破了行政区划的限制，因此部分监测任务也是以功能区划为单元进行设置，但在实际工作中由于行政区划的分属，人为分割，各自为政，造成站点布设缺乏一致性，监测工作缺少整体性；更有甚者，由于各地监测工作开展的时空不一致，甚至会造成毗连区域评价结论的相互矛盾。

针对相关问题，山东省优化了海洋生态环境监测的站位布设方案，本优化方案本着"整体稳定延续，局部优化调整"的原则，对重点关注的任务进行站位和频次加密，扩大覆盖范围，对部分任务进行删减，使方案更加有针对性，更加贴近需求，更能真实反映环境状况。

站位优化紧密结合山东省海洋工作"一张图"的科学规划，通过优化将现有海洋生态环境监测站位嵌入"一张图"中；建立完善的监测体系，实现信息化建设；实现一站多用、综合评价的目标，彻底解决站位使用效率偏低的问题；同时确保海洋生态环境监测工作开展的同步性、时效性及数据有效性，并致力于满足管理需求，更好地做好技术支撑。其中具体的方法为山东省海域网格化处理，统一标准化；由近岸到近海，站位布设由密到稀，呈辐射状；结合海洋功能区划以及排污口、入海江河、海水浴场、集中集约用海的海洋开发热点区域的分布情况，对敏感海域内站位布设适当加密；按照站位分配监测任务，一站多用，评价便捷，更全面、准确地掌握山东省海域生态环境质量状况。

统筹优化后，山东省共布设各类监测站位 922 个（图 5-1），较之前减少 37 个。其中近岸海域趋势性监测站位 688 个（图 5-2），从中选取站位参评海水质量、海洋生物多样性、沉积物质量、海洋工程跟踪监测、保护区监测、排污口邻近海域监测、增养殖区监测、放射性监测等任务，并根据需要进行加密监测。该次的站位布设在基本满足国家要求的基础上，更加符合山东省海洋环保管控需求。

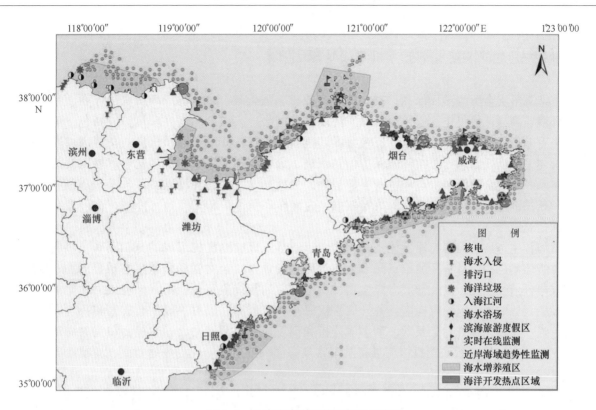

图 5-1　山东省海洋环境监测站位布设

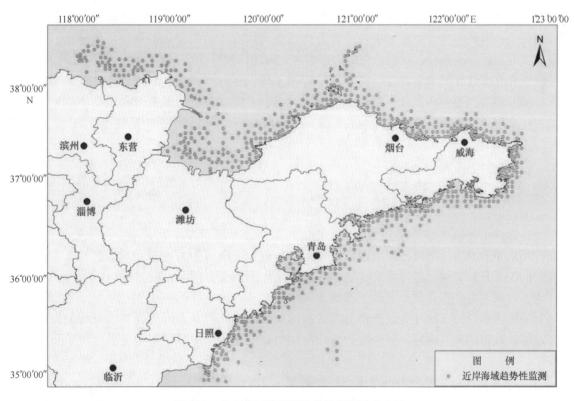

图 5-2　山东省近岸海域趋势性监测站位布设

5.2 海洋生态环境监测与评价体系建设

山东省认真落实全国海洋环保和预报减灾工作要求，强化省、市、县三级机构协作联动，扎实推进海洋生态环境监测与评价工作；依托国家海洋环境监测网络，突出山东海洋环境监管特色，建立既与国家监测网络有效衔接，又能满足山东省各级海洋环境监管需求、分工明确、信息共享的区域性海洋环境监测与评价体系；依托山东省海洋环境保护信息网络，形成了各级机构数据报送、审核以及信息产品传输的互联体系，构建全省海洋生态环境资料数据库；为提升海洋生态环境监测评价工作质量和水平，为各级政府和相关部门提供科学、系统的决策依据，为海洋环境保护和沿海地区经济社会可持续发展提供技术支撑和信息服务。

山东省海洋生态环境监测与评价体系是由省、市、县三级监测机构组成的分工明确、协调一致的有机整体。省级监测机构应具备开展重点海域生态健康状况评价、应对管辖海域生态敏感问题、生态灾害和环境突发事件监视监测，以及开展海洋生物种类鉴定、油指纹鉴定等能力，推进放射性化学分析检测能力的建设；设区的市级监测机构应具备开展常规海洋环境监测、应对一般生态灾害和环境突发事件监测等能力，进一步强化常规污染要素、重金属分析和现场快速监测能力，逐步提高和完善海洋生物种类鉴定能力；县（市、区）级监测机构应具备基本常规海洋环境监测、现场快速监测、专项任务样品采集等能力。

截至2014年底，山东省已建立各级海洋生态环境监测机构41处，包括山东省海洋环境监测中心、沿海7市海洋环境监测中心（站）以及33处县级海洋环境监测站，其中取得计量认证的有20处。2014年省级以上海洋环境监测经费投入1 500余万元，各级监测管理机构分工协作，严格按照《山东省海洋生态环境监测工作方案及配套方案》要求，加强监测工作运行评估和监督检查，强化质量监管，各监测任务全部按计划完成；不断丰富监测技术手段，着力构建全天候立体监测平台，在环境敏感区、重要功能区规划建设了实时在线监测系统，目前已完成山东省4处海洋特别保护区浮标监测，在长岛周边规划布局4套浮标系统，并在东营开展了实时在线监测示范应用工作。丰富监测信息和评价产品的类型和形式，提高了海洋环境监测与渔业生产和人民群众生活需求的结合紧密度；举办多期海洋生态环境监测技术培训班，培训400余人次，各级监测机构技术水平稳步提高，省、市、县三级机构监测体系和分工协作机制基本形成。

5.3 海洋生态红线建设

近年来，随着渤海沿岸经济社会的发展，近海海域生态环境持续恶化，生态系统处于亚健康状态，突发性海洋环境事件增多。同时，环渤海地区作为山东省蓝黄两区的发展重要承载区域，经济飞速发展与环境保护的关系日益尖锐，迫切需要实施以生态红线为手段的海洋环境保护政策。

海洋生态红线制度是指为维护海洋生态健康与生态安全，将重要海洋生态功能区、生态敏感区和生态脆弱区划定为重点管控区域并实施严格分类管控的制度安排。建立渤海海洋生态红线制度是实施最严格渤海环境保护政策的重要内容，对于维护渤海海洋生态安全、保障环渤海地区社会经济可持续发展具有重要作用。

2012年，国家海洋局建立渤海海洋生态红线制度，对海洋生态红线区内的重要河口、重要滨海湿地、特殊保护海岛、海洋保护区、自然景观与历史文化遗迹、重要砂质岸线与沙源保护海域、重要渔业海域和重要滨海旅游区等九大目标分别划定边界线，按照相应的管理指标，实行分类指导、分区管理、分级保护，确保实现如下目标：渤海总体自然岸线保有率不低于30%，全省不低于40%；海洋生态红线区面积占渤海近岸海域面积的比例不低于 1/3，全省海洋生态红线区面积占其管辖海域面积的比例不低于 40%；到 2020 年，海洋生态红线区入海直排口污染物排放达标率达到 100%，陆源污染物入海总量减少 10%~15%；海洋生态红线区内海水水质达标率不低于 80%。

2012 年 8 月，山东省正式启动海洋生态红线划定工作。为确保海洋生态红线划定工作的有序推进，制定了《山东管辖海域海洋生态红线划定实施方案》；基于山东省海洋生态环境现状与压力，进行了海域生态环境特征与问题分析、不同区域生态环境状况与问题研究、海域开发利用现状评价和发展需求分析、不同区域生物多样性、生态环境敏感性评价工作及生态服务功能重要性等评价工作，全力推进山东省海域海洋生态红线划定，促使重点生态功能区生态恶化趋势尽早得到遏制，主要生态功能区尽早得到恢复和改善，从而保障国家和区域的生态安全，提高海洋生态系统服务功能。

2013 年 12 月，山东省政府办公厅印发《关于建立实施渤海海洋生态红线制度的意见》，并确定由山东省海洋与渔业厅发布《山东省渤海海洋生态红线区划定方案（2013—2020 年）》，成为全国首个在渤海建立实施海洋生态红线制度的省份。红线区划定空间范围为山东省管辖的全部渤海海域，涉及海域总面积 16 313.90 km²，划定红线区 73 个。

红线区总面积为 6 534.42 km²，占全省管辖渤海海域总面积的 40.05%，其中禁止开发区 23 个，限制开发区 50 个，分区分类制定管控措施。红线区面积占管辖海域面积、自然岸线保有率、海水水质达标率分别不低于 40%、40%、80% 控制指标。红线区划定范围内，岸线总长度为 931.41 km。其中，黄河三角洲国家级自然保护区和庙岛群岛海洋自然保护区等均被列入渤海海洋生态红线区之内（图 5-3）。

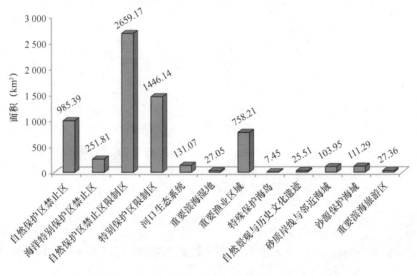

图 5-3　山东省渤海海洋各类型生态红线区面积

红线区的边界是根据自然保护区、海洋特别保护区、水产种质资源保护区的位置和分区以及卫星遥感、地形图、海图、海岸线测量图等图件资料确定的。边界的确定以保持生态完整性、维持自然属性为原则，旨在保护生态环境、防止污染和控制建设活动。

方案确定了三项重点任务：一是有效推进红线区生态保护与整治修复，包括加强红线区内保护区管理和典型生态系统保护；实施生态整治修复工程；开展海岸带综合治理；严格红线区用海管控，坚持集中集约用海等几个方面；二是严格监管红线区污染排放，优化入海排污口布局，包括加强入海河流和排污口管理、加强污染物排放管控、调整优化产业布局 3 个方面；三是加强监测和执法能力建设，包括构建、完善监视监测网络与评价体系，加强红线区环境监督执法，加强赤潮等灾害防治和污染事故应急处置 3 个方面。

红线划定后，山东省严格落实渤海海洋生态红线制度，加强渤海重点海域海洋环境综合管控。严格控制渤海海域红线区内所有用海开发活动，所有用海工程环境影响评价必须进行生态红线符合性分析，海洋工程环境影响评价核准必须以落实红线区管控措施为必备要件。制定渤海海洋生态红线制度考核暂行办法和考核评分细则，健全生态红线区管控长效机制，为渤海近岸海洋的合理开发和环境保护提供强有力的制度保证。

5.4 海洋生态文明示范区建设

随着我国海洋经济的快速发展，沿海地区的工业化、城镇化进程也在加快，海洋生态建设工作得到了前所未有的重视，海洋生态环境得到了极大改善，海洋资源利用日趋节约高效，海洋文明建设和生态文明意识明显提供，海洋综合管控能力与生态文明制度日益完善。海洋生态文明示范区建设是贯彻落实党的"十八大"关于生态文明建设的总体部署，大力推进海洋生态文明建设的一个重要载体；沿海地区海洋生态文明建设与经济建设、政治建设、文化建设、社会建设协调发展，是一个地区海洋生态环境保护与可持续发展的集中体现。

2012年以来，山东省开展了国家级海洋生态文明示范区的创建工作。2012年12月，青岛市黄岛区等10个县（市、区）确定为首批省级海洋生态文明建设示范区；2013年2月，威海市、日照市和长岛县确定为全国首批国家级海洋生态文明示范区。自创建以来，各示范区积极开展海洋生态文明建设工作，成效较为显著。山东省积极推进海洋生态文明建设示范区配套制度建设，组织制定《山东省海洋生态文明示范区创建工作指导意见》和《山东省海洋生态文明示范区管理办法》等8个相关的配套制度，健全完善省级海洋生态文明示范区创建的制度体系。日照市通过加大生态整治修复力度，着力恢复海域自然状态；开建或规划海洋生态产业集中区域；对沿海排污企业进行重点整治和技术改造，经过不断努力建设，多数河流生态环境得到了极大程度的恢复。威海市坚持生态立市，通过实施多个海洋整治修复项目、综合治理河道，使主要污染物的排放量持续下降。长岛县通过实施生态修复项目，采取恢复海岸线原始生态风貌等措施积极推进生态文明建设，形成了生态产业和修复生态环境"两手抓"的良好局面（图5-4）。

图 5-4　部分海洋生态文明示范区

山东省对海洋生态文明示范区开展了监测与评价工作。2014 年，对全省 3 个国家级海洋生态文明示范区开展了监测与评价工作，调查和监测范围涵盖海水水质、沉积环境、排污口、入海河流、海洋功能区等多个方面，从海洋生态环境监测角度上掌握了海洋生态文明示范区的海洋环境质量状况，为评估海洋生态文明建设成效提供数据支撑。从调查监测结果来看：全省 3 个国家级海洋生态文明示范区近岸海域环境状况总体良好，海水水质总体符合二类海水水质标准，部分海域达到一类海水水质标准；海洋沉积物质量符合一类海洋沉积物质量标准；海洋功能区（海水浴场、海水增养殖区、保护区、旅游度假区等）环境质量总体满足要求。而入海河流水质较差，陆源入海排污口存在超标排放现象，入海排污的压力较大。

5.5　海洋保护区建设

为保护各类典型海洋生态系统、珍稀濒危海洋生物物种和珍奇海洋自然遗迹，构建海洋生态安全屏障，山东省不断强化措施加快海洋保护区建设步伐，逐步完善海洋保护区体系，构建生态保护与资源开发相互协调的新型海洋生态保护模式，推动海洋生态文明建设。

5.5.1　海洋自然/特别保护区和水产种质资源保护区建设概况

截至 2014 年底，山东省获批省级以上海洋自然/特别保护区 42 处，其中海洋自然保护区 12 处，总面积约 40×10^4 hm²；海洋特别保护区 30 处，总面积约 33×10^4 hm²。国家级水产种质资源保护区（海洋）25 处，总面积约 10×10^4 hm²（表 5-1 至表 5-3）。

表 5-1　山东省已建海洋自然保护区情况

序号	保护区名称	类别	面积（hm²）	主要保护对象
1	黄河三角洲自然保护区	国家级	153 000	原生性湿地生态系统及珍禽
2	山东长岛国家级自然保护区	国家级	5 250	湿地生态系统和野生动物
3	荣成大天鹅自然保护区	国家级	1 675	大天鹅等珍禽及生境
4	滨州贝壳堤岛与湿地国家级自然保护区	国家级	43 541.54	贝壳堤岛、湿地生态系统
5	青岛大公岛岛屿生态系统自然保护区	省级	1 603	鸟类、海洋生物资源及栖息繁殖环境
6	胶南灵山岛自然保护区	省级	3 283.2	海岛生态系统
7	烟台崆峒列岛自然保护区	省级	7 690	岛屿生态系统
8	龙口依岛自然保护区	省级	85.49	珍稀潮间带生物物种
9	海阳千里岩岛海洋生态自然保护区	省级	1 823	常绿阔叶林、鸟类、海岛生态系统
10	庙岛群岛海洋自然保护区	省级	5 250	鸟类、暖温带海岛生态系统
11	庙岛群岛斑海豹自然保护区	省级	173 100	斑海豹
12	荣成成山头海洋生态自然保护区	省级	6 366	海岸地貌、潟湖生态系统

表 5-2　山东省已建海洋特别保护区（海洋公园）情况

序号	保护区名称	类别	面积（hm²）	主要保护对象
1	青岛西海岸海洋公园	国家	45 855.35	灵山岛省级自然保护区、一二级国家级保护动物、火山地质景观、珍稀海鸟和候鸟栖息繁殖地、珍稀动物和海珍品及稀有野生动物基因库
2	东营莱州湾蛏类生态海洋特别保护区	国家级	21 024	蛏类、海洋生态
3	东营河口浅海贝类海洋特别保护区	国家级	39 623	以文蛤为主的浅海贝类
4	东营黄河口生态海洋特别保护区	国家级	92 600	黄河口生态系统及生物多样性
5	利津国家级底栖鱼类生态海洋特别保护区	国家级	9 400	半滑舌鳎及近岸海洋生态系统
6	东营广饶沙蚕类生态海洋特别保护区	国家级	6 460	沙蚕类、海洋生态
7	烟台芝罘岛群海洋特别保护区	国家级	769.716	岛屿生态、渔业和自然资源
8	烟台牟平沙质海岸海洋生态特别保护区	国家级	1 465.2	海沙资源、海洋生物重要栖息地
9	龙口黄水河口湿地海洋特别保护区	国家级	2 168.89	滨海湿地及海洋生态系统
10	莱阳五龙河口滨海湿地海洋特别保护区	国家级	1 219.1	五龙河口滨海湿地生态系统、生物多样性及缢蛏等特有物种
11	莱州浅滩海洋生态特别保护区	国家级	6 780.10	浅滩海洋生物资源产卵、育幼场以及砂矿资源
12	蓬莱登州浅滩海洋资源海洋特别保护区	国家级	1 871.42	海洋底栖生物资源、砂矿资源
13	海阳万米海滩海洋资源海洋特别保护区	国家级	1 513.47	万米海滩、海洋生物多样性
14	长岛国家级海洋公园	国家级	1 126.47	自然岸线、海蚀地貌、斑海豹
15	招远砂质黄金海岸海洋公园	国家级	2 699.94	砂质海岸及其海洋生态系统
16	烟台山海洋公园	国家级	1 247.99	岩礁、沙滩、浅水生态系统，沿海岩岸、沙滩相间分布的独特海洋自然景观、历史文物古迹
17	蓬莱海洋公园	国家级	6 829.87	河口湿地、沙滩、岩礁、黄土及熔岩台地海岸、登州浅滩，滨海防护林及种质保护区等多种自然生态类型与景观
18	山东昌邑海洋生态特别保护区	国家级	2 929.28	柽柳为主的多种滨海湿地生态系统和各种海洋生物
19	刘公岛海洋公园	国家级	3 828	特殊海洋生态景观、历史文化遗迹、爱国教育基地
20	威海刘公岛海洋特别保护区	国家级	1 187.79	岛屿生态系统
21	威海小石岛海洋生态特别保护区	国家级	3 069	软体类资源、海岛生态
22	文登海洋生态特别保护区	国家级	518.77	海洋生态系统
23	大乳山国家级海洋公园	国家级	4 838.68	原生态环境、岛屿岩礁群
24	乳山市塔岛湾海洋生态海洋特别保护区	国家级	1 097.15	海湾生态系统和菲律宾蛤仔、西施舌等栖息繁衍场所
25	威海海西头海洋公园	国家级	1 274.33	湿地、防护林、沙滩、海域等
26	日照海洋公园	国家级	27 327	海岸潟湖、金色海滩、河口湿地沿岸岛屿
27	青岛胶州湾滨海湿地海洋特别保护区	省级	37 000	湿地生态系统
28	烟台逛荡河口海洋生态海洋特别保护区	省级	320	河口、沙滩等多样化的滨海自然景观及生态环境
29	长岛长山尾海洋地质遗迹海洋特别保护区	省级	293	长山尾海洋地质遗迹和自然资源
30	日照大竹蛏-西施舌海洋特别保护区	省级	4 288	大竹蛏、西施舌

表 5-3　山东省已建国家级水产种质资源保护区（海洋）情况

序号	保护区名称	面积（hm²）	主要保护对象
1	灵山岛皱纹盘鲍刺参国家级水产种质资源保护区	2 500	皱纹盘鲍、刺参
2	东营黄河口文蛤国家级水产种质资源保护区	1 666.7	黄河口文蛤等
3	黄河口半滑舌鳎国家级水产种质资源保护区	10 075.44	半滑舌鳎
4	广饶竹蛏国家级水产种质资源保护区	2 050	竹蛏
5	崆峒列岛刺参国家级水产种质资源保护区	6 841	刺参
6	蓬莱牙鲆黄盖鲽国家级水产种质资源保护区	1 984	褐牙鲆、钝吻黄盖鲽
7	千里岩海域国家级水产种质资源保护区	1 766.27	刺参、皱纹盘鲍
8	长岛皱纹盘鲍光棘球海胆国家级水产种质资源保护区	6 600	皱纹盘鲍、光棘球海胆
9	长岛许氏平鲉国家级水产种质资源保护区	700	许氏平鲉
10	莱州湾单环刺螠近江牡蛎国家级水产种质资源保护区	3 890	单环刺螠、近江牡蛎
11	靖子湾国家级水产种质资源保护区	2 513.251	花鲈
12	小石岛刺参国家级水产种质资源保护区	471	刺参
13	桑沟湾国家级水产种质资源保护区	1 062.9	魁蚶
14	荣成湾国家级水产种质资源保护区	2 134	栉孔扇贝、海胆
15	荣成楮岛藻类国家级水产种质资源保护区	471.66	藻类
16	月湖长蛸国家级水产种质资源保护区	373.69	长蛸
17	靖海湾松江鲈鱼国家级水产种质资源保护区	818.89	松江鲈鱼
18	乳山湾国家级水产种质资源保护区	203.474	泥蚶
19	海州湾大竹蛏国家级水产种质资源保护区	4 288	大竹蛏
20	前三岛海域国家级水产种质资源保护区	1 798	金乌贼
21	日照海域西施舌国家级水产种质资源保护区	883	西施舌
22	日照中国对虾国家级水产种质资源保护区	34 900	中国对虾
23	套尔河口海域国家级水产种质资源保护区	924.794	缢蛏
24	马颊河文蛤国家级水产种质资源保护区	3 997	文蛤
25	无棣中国毛虾国家级水产种质资源保护区	10 000	中国毛虾

5.5.2　海洋保护区管理

为统筹协调海洋保护区的建立、建设和规范化管理，制定并印发了《山东省海洋特别保护区管理暂行办法》，强化了海洋保护区建设、管理、保护与利用的制度保障。落实《全国生态保护与建设规划》，加强各类海洋保护区规范化建设，提升保护区管护能力和规范化管理水平，组织各保护区管理机构编制海洋保护建设总体规划，优化完善保护区建设发展布局。

充分利用"海上山东"网站的海洋保护区公众服务平台，加强保护区宣传推介，提高了海洋保护区的公众认知和社会影响。各海洋保护区管理机构利用电视、广播、网络等传媒，采取座谈会、宣传日等多种形式广泛开展科研宣教工作，提高了公众对保护区生态价值和社会意义的认识，为保护区建设和管理营造了良好的社会氛围，促进了保护区的健康发展。

5.6　海洋生态修复

海洋生态修复是指利用大自然的自我修复能力，在适当的人工措施的辅助作用下，使受损的生态系统恢复到与原来相近的结构和功能状态。近年来，山东省不断加大投入，实施人工鱼礁（海洋牧场）建设项目，并开展大规模的增殖活动，包括藻类移植、刺参等海珍品底播、牙鲆等鱼类放流等。推进休闲生态型人工鱼礁建设，重点建设以"聚鱼养藻"为主的人工鱼礁，截至 2013 年 11 月，全省投资规模达到 100 万元以上的人工鱼礁及海洋牧场项目已达到 175 处，总建设规模已超过 1 000×10^4 hm^2，用海面积 1.5×10^4 hm^2 余。制定并印发《山东省人工鱼礁管理办法》和《山东省人工鱼礁建设规划（2014—2020年）》，研究起草《人工鱼礁建设本底调查技术规范》和《生态型人工鱼礁建设技术规范》等多个技术规范，多方位、多角度地构建了山东省人工鱼礁建设的管理体系和技术支撑体系。生物资源养护取得明显成效，推进了近海海洋生态恢复和渔业经济发展。

编制完成《山东省海岸线保护和利用规划》，科学确定海岸的基本功能、开发利用方向和保护要求。制定了《山东省海域海岛海岸带整治修复保护规划》，建立了海域海岛海岸带整治修复项目库。自 2010 年开始，先后组织实施了 30 多个海域海岛海岸带整治修复项目，投入整治修复资金超过 10 亿元。积极推进海域海岛海岸带生态整治修复工程的实施，做好整治修复成果的展示。与省旅游局联合在全国率先开展了美丽海岸评选活动，评选出威海市区中心海岸等 9 个海岸为首批"齐鲁美丽海岸"，评选"齐鲁美丽海岸"是山东省乃至全国海洋管理和海岸线保护的一项创新举措，取得了良好的社会效果。

为有效恢复山东省渤海海域受损生态系统，加强海洋环境监视监测能力建设，根据国务院关于加强渤海海洋环境保护的指示精神，按照省委、省政府和国家海洋局的决策部署，全省投入 5.57 亿元实施环渤海地区海洋生态修复及能力建设项目。制定了《山东省渤海海洋生态修复及能力建设项目管理办法》、《山东省渤海海洋生态修复及能力建设专项资金管理暂行办法》等配套制度，以加强对项目的监督管理，提高项目实施效果。制定了《山东省渤海海洋生态修复及能力建设项目申报指南》，项目安排与各地近岸浅海的自然属性、岸线状况、生态环境和能力建设现状相结合。渤海海洋生态修复及能力建设项目共分三个方面：一是渤海海洋生态环境修复，共安排渤海海洋生态环境修复项目 60 个，包括生物种群恢复工程、重要岸段岸滩整治修复工程、滨海湿地修复工程三类项目；二是能力建设，包括渤海海洋保护区规范化能力建设、海洋环境监视监测能力建设两类项目；三是渤海海洋环境保护公益宣传教育。

参 考 文 献

卞晓东，张秀梅，高天翔，等．2010. 2007 年春、夏季黄河口海域鱼卵、仔稚鱼种类组成与数量分布[J]．中国水产科学，17(4)：815-827.

陈淑琴，黄辉．2006. 赤潮发生规律及气象条件[J]．气象科技，34(4)：478-481.

范士亮，傅明珠，李艳，等．2012. 2009—2010 年黄海绿潮起源与发生过程调查研究[J]．海洋学报，34(6)：187-194.

范志杰．1995. 海洋环境监测设计理论的探讨[J]．海洋环境科学，14(3)：1-106.

高会旺，吴德星，白洁，等．2003. 2000 年夏季莱州湾生态环境要素的分布特征[J]．青岛海洋大学学报：自然科学版，33(2)：185-191.

关道明，战秀文．2003. 我国沿海水域赤潮灾害及其防治对策[J]．海洋环境科学，22(2)：60-63.

郭卫东，张小明，杨逸萍，等．1998. 中国近岸海域潜在性富营养化程度的评价[J]．台湾海峡，17(1)：64-70.

郝彦菊，王宗灵，朱明远，等．2005. 莱州湾营养盐与浮游植物多样性调查与评价研究[J]．海洋科学进展，23(2)：197-204.

何雪琴，温伟英．2001. 海南三亚湾海域水质状况评价[J]．台湾海峡，20(2)：165-170.

黄美珍，许翠娅．2007. 有毒有害赤潮的研究与防治对策[J]．福建水产，(4)：71-74.

黄秀清，陈琴，姚炎明，等．2015. 港湾海洋环境监测站位布设方法研究——以象山港为例[J]．海洋学报，37(1)：158-169.

纪大伟，杨建强，高振会，等．2007. 莱州湾西部海域枯水期富营养化程度研究[J]．海洋环境科学，26(5)：427-445.

蒋红，崔毅，陈碧鹃，等．2005. 渤海近 20 年来营养盐变化趋势研究[J]．海洋水产研究，26(6)：61-67.

姜欢欢，温国义，周艳荣，等．2013. 我国海洋生态修复现状、存在的问题及展望[J]．海洋开发与管理，1：35-38.

冷春梅，曹振杰，张金路，等．2014. 黄河口浮游生物群落结构特征及环境质量评价[J]．海洋环境科学，33(3)：360-365.

李广楼，崔毅，陈碧鹃，等．2007. 秋季莱州湾及附近水域营养现状与评价[J]．海洋环境科学，26(1)：45-57.

李晶莹，韦政．2010. 莱州湾海水入侵及土壤盐渍化现状研究[J]．安徽农业科学，38(8)：4187-4189.

李明昌．2014. 海洋生态红线划定方法初探[M]∥中国环境科学学会学术年会论文集，1329-1331.

李乃成，刘晓收，徐兆东．2015. 庙岛群岛南部海域大型底栖动物多样性[J]．生物多样性，23(1)：41-49.

林凤翱，卢兴旺，洛昊，等．2008. 渤海赤潮的历史、现状及其特点[J]．海洋环境科学，27(增刊 2)：增 1-增 5.

刘爱英，宋秀凯，刘丽娟，等．2012. 夏季莱州湾浮游动物群落特征[J]．海洋科学，36(10)：61-67.

刘峰．2010. 黄海绿潮的成因以及绿潮浒苔的生理生态学和分子系统学研究[D]．青岛：中国科学院海洋研究所.

刘慧，方建光，董双林，等．2003. 莱州湾和桑沟湾养殖海区主要营养盐的周年变动及限制因子[J]．中国海洋水产，10(3)：227-234.

刘兰．2012. 山东省海洋保护区建设探讨[J]．海洋环境科学，31(6)：918-922.

刘兰，于宜法，马云瑞．2013. 生态文明视角下的渤海海洋保护区建设[J]．东岳论丛，34(7)：78-82.

刘霜，张继民，杨建强，等．2009. 黄河口生态监控区主要生态问题及对策探析[J]．海洋开发与管理，26(3)：49-52.

刘永健，刘娜，刘仁沿，等．2008. 赤潮毒素研究进展[J]．海洋环境科学，27(A02)：151-159.

罗先香，张蕊，杨建强，等．2010. 莱州湾表层沉积物重金属分布特征及污染评价[J]．生态环境学报，19(2)：262-269.

马克明，孔红梅，关文彬，等．2001. 生态系统健康评价：方法与方向[J]．生态学报，211(12)：2106-2116.

母清林，方杰，邵君波，等．2015. 长江口及浙江近岸海域表层沉积物中多环芳烃分布、来源与风险评价[J]．环境科学，36(3)：839-846.

潘玉英，付腾飞，赵战坤，等．2012. 海水入侵-地下水位变化-土壤盐渍化自动监测实验研究[J]．土壤通报，43(3)：571-576.

彭荣，左涛，万瑞景，等．2012. 春末夏初莱州湾浮游动物生物量谱及潜在鱼类生物量的估算[J]．渔业科学进展，33(1)：10-16.

任海，邬建国，彭少麟．2000. 生态系统健康的评估[J]．热带地理，20(4)：310-316.

石岩峻．2004. 赤潮藻对营养盐的吸收及生长相关特性研究[D]．北京：北京化工大学.

孙军，刘东艳．2001. 琉球群岛邻近海域浮游植物多样性的模糊综合评判[J]．海洋与湖沼，32(4)：445-453.

宋秀凯，刘爱英，杨艳艳，等．2010. 莱州湾鱼卵、仔稚鱼数量分布及其与环境因子相关关系研究[J]．海洋与湖沼，41(3)：378-385.

唐启升,张晓雯,叶乃好,等. 2010. 绿潮研究现状与问题[J]. 中国科学基金,1(1): 5-9.

王爱勇,万瑞景,金显仕. 2010. 渤海莱州湾春季鱼卵、仔稚鱼生物多样性的年代际变化[J]. 渔业科学进展,31(1): 19-24.

王斌. 2002. 海洋生态环境监测体系建设的初步研究. 海洋通报[J],21(6): 52-59.

王俊. 2003. 渤海近岸浮游植物种类组成及其数量变动的研究[J]. 海洋水产研究,24(4): 44-50.

王茂剑,马元庆,宋秀凯,等. 2012. 山东近岸海域环境状况及修复[M]. 北京:海洋出版社.

王晓坤,马家海,陈道才,等. 2007. 浒苔(Enteromorpha prolifera)生活史的初步研究[J]. 海洋通报,26(5): 1212-1216.

王悠,俞志明,宋秀贤,等. 2006. 大型海藻与赤潮微藻以及赤潮微藻之间的相互作用研究[J]. 环境科学,27(2): 274-280.

王召会,王摆,吴金浩,等. 2014. 海洋保护区溢油污染综合评价方法研究[J]. 环境科学与技术,37(6): 161-165.

王正方,张庆,卢勇,等. 1996. 氮、磷、维生素和微量金属对赤潮生物海洋原甲藻的增殖效应[J]. 东海海洋,14(3): 33-38.

王正方,张庆,吕海燕. 2001. 温度、盐度、光照强度和 pH 对海洋原甲藻增长的效应[J]. 海洋与湖沼,32(1): 15-18.

吴斌,宋金明,李学刚. 2014. 黄河口大型底栖动物群落结构特征及其与环境因子的耦合分析[J]. 海洋学报,36(4): 62-72.

夏斌,张晓理,崔毅,等. 2009. 夏季莱州湾及附近水域理化环境及营养现状评价[J]. 渔业科学进展,30(3): 103-111.

夏斌,马绍赛,崔毅,等. 2010. 2008 年夏季靖海湾松江鲈鱼种质资源保护区生态环境质量综合评价[J]. 海洋环境科学,34(2): 476-483.

夏斌,马菲菲,陈碧鹃,等. 2014. 海州湾大竹蛏资源保护区海水环境质量评价[J]. 渔业科学进展,35(6): 16-22.

谢健,李锦蓉,吕颂辉,等. 1993. 夜光藻赤潮与环境因子的关系[J]. 海洋通报,12(2): 1-6.

徐兆礼. 2005. 长江口邻近水域浮游动物群落特征及变动趋势[J]. 生态学杂志,24(7): 780-784.

徐兆礼. 2006. 中国海洋浮游动物研究的新进展[J]. 厦门大学学报:自然科学版,45(Z2): 16-23.

徐宗军,张朝晖,王宗灵. 2010. 山东省海洋特别保护区现状、问题及发展对策[J]. 海洋开发与管理,27(5): 17-20.

颜海波,吝涛,王颖. 2008. 中国海洋保护区管理模式的探讨研究[J]. 环境科学与管理,33(8): 6-16.

杨建强,崔文林,张洪亮,等. 2003. 莱州湾西部海域海洋生态系统健康评价的结构功能指标法[J]. 海洋通报,22(5): 58-63.

杨建强,冷宇,崔文林,等. 2012. 渤海水体环境生物生态调查与研究[M]. 北京:海洋出版社.

杨建强,朱永贵,宋文鹏,等. 2014. 基于生境质量和生态响应的莱州湾生态环境质量评价[J]. 生态学报,34(1): 105-114.

叶属峰,刘星,丁德文. 2007. 长江河口水域生态系统健康评价指标体系及其初步评价[J]. 海洋学报,29(4): 128-136.

尹维翰,崔文林,齐衍萍,等. 2014. 基于 GIS 的海水环境监测站位优化——以胶州湾为例[J]. 海洋开发与管理,10: 78-82.

由希华. 2006. 东海原甲藻和塔玛亚历山大藻生长对重要环境因子的响应及种间竞争研究[D]. 青岛:中国海洋大学.

于莹,刘大海,刘芳明,等. 2015. 美国最新海洋(海岛)保护区动态及趋势分析[J]. 海洋开发与管理,(2): 1-4.

曾江宁,曾淦宁,黄韦艮,等. 2004. 赤潮影响因素研究进展[J]. 东海海洋,22(2): 40-47.

战培荣,陈中祥,覃东立,等. 2010. 黑龙江盘古河细鳞和江鳕水产种质资源保护区水环境理化监测与评价[J]. 安全与环境学报,10(2): 102-105.

张娇,张龙军,宫敏娜. 2010. 黄河口及近海表层沉积物中烃类化合物的组成和分布[J]. 海洋学报,32(3): 23-30.

张继民,刘霜,张琦. 2008. 黄河口附近海域营养盐特征及富营养化程度评价[J]. 海洋通报,27(5): 65-72.

张季栋. 1995. 日本赤潮研究和防治[J]. 海洋通报,14(6): 18-82.

张亮,吴凤丛,宋春丽,等. 2012. 海州湾北部海域表层沉积物污染分布特征及环境质量评价[J]. 海岸工程,31(2): 54-61.

张利民,马建新,孙丕喜,等. 2014. 黄渤海重点海域贝类养殖环境安全评价及其体系[M]. 北京:海洋出版社.

张毅敏,陈晶,杨阳,等. 2014. 我国海洋污染现状、生态修复技术及展望[J]. 科学,66(3): 48-51.

张莹,刘元进,张英,等. 2012. 莱州湾多毛类底栖动物生态特征及其对环境变化的响应[J]. 生态学杂志,31(4): 888-895.

赵骞,田纪伟,赵仕兰,等. 2004. 渤海冬夏季营养盐和叶绿素 a 的分布特征[J]. 海洋科学,28(4): 34-39.

郑重,李少菁,许振祖. 1984. 海洋浮游生物学[M]. 北京:海洋出版社.

周名江,朱明远,张经. 2001. 中国赤潮的发生趋势和研究进展[J]. 生命科学,13(2): 54-59.

周名江,于仁成. 2007. 有害赤潮的形成机制、危害效应及防治对策[J]. 自然杂志,29(2): 72-77.

朱艳. 2009. 我国海洋保护区建设与管理研究[D]. 厦门:厦门大学.

邹景忠，董丽萍，秦保平．1983．渤海湾富营养化和赤潮问题的初步探讨[J]．海洋环境科学,2(2):41-54.

2010 年山东省海洋环境质量公报．山东省海洋与渔业厅．2010 年 3 月.

2011 年山东省海洋环境质量公报．山东省海洋与渔业厅．2011 年 3 月.

2012 年山东省海洋环境质量公报．山东省海洋与渔业厅．2012 年 3 月.

2013 年山东省海洋环境质量公报．山东省海洋与渔业厅．2013 年 3 月.

2014 年山东省海洋环境质量公报．山东省海洋与渔业厅．2014 年 3 月.

近岸海洋生态健康评价指南．国家海洋局，HY/T 087—2005.

海洋生态环境监测技术规程．国家海洋局，2002.

国家环境保护局，国家海洋局．GB 3097—1997 海水水质标准[S]．北京：中国标准出版社.

中华人民共和国国家质量监督检验检疫总局．GB 18668—2002 沉积物质量[S]．北京：中国标准出版社.

中华人民共和国国家质量监督检验检疫总局，中国国家标准化管理委员会．GB 18421　2001 海洋生物质量[S]．北京：中国标准出版社.

中华人民共和国国家质量监督检验检疫总局，中国国家标准化管理委员会．海洋监测规范第 4 部分：海水分析[S]．北京：中国标准出版社，2007.

中华人民共和国国家质量监督检验检疫总局，中国国家标准化管理委员会．海洋调查规范第 6 部分：海洋生物调查[S]．北京：中国标准出版社，2007.

中华人民共和国国家质量监督检验检疫总局，中国国家标准化管理委员会．海洋监测规范第 7 部分：近海污染生态调查和生物监测[S]．北京：中国标准出版社，2007.

山东省质量技术监督局．DB 37/T 2298-2013 海水增养殖区环境综合评价方法[S].

Clarke K R, Gorley R N. PRIMER v6：User Manual /Tutoria1[M]. Plymouth：PRIMER-E Ltd, 2006. the Seine estuary (English Channel). Oceanologica Acta, 25(1)：13-22.

Dahle S, Savinov V M, Matishov G G, et al. 2003. Polycyclic aromatic hydrocarbons (PAHs)in bottom sediments of the Kara Sea shelf, Gulf of Ob and Yenisei Bay[J]. Sci Total Environ, 306：57-71.

Hiraoka M, Ohno M, Kawaguchi S, Yoshida G. 2004. Crossing test among floating Ulva thalli forming "green tide" in Japan [J]. Hydrobiologia, 512:239-245.

Hodgkiss I J, Lu S H. 2004. The effects of nutrients and their ratios on phytoplankton abundance in Junk Bay, Hong Kong [J]. Hydrobiology, 512:215-229.

Hu C M, Li D Q, Chen C S, et al. 2010. On the recurrent Ulva prolifera blooms in the Yellow Sea and East China Sea[J]. Journal of Geophysical Research, 115, C05017.

Jin B S, Fu C Z, Zhong J S, et al. 2007. Fish utilization of a salt marsh intertidal creek in the Yangtze River estuary, China[J]. Estuarine, Coastal and Shelf Science, 73(3-4)：844-852.

Li K Z, Yin J Q, Huang L M, et al. 2006. Spatial and temporal variations of mesozooplankton in the Pearl River estuary, China[J]. Estuarine, Coastal and Shelf Science, 67(4)：543-552.

Liu D, Keesing J K, Dong Z, et al. 2010. Recurrence of Yellow Sea green tide in June 2009 confirms coastal seaweed aquaculture provides nursery for generation of macroalgal blooms[J]. Marine Pollution Bulletin, 60：1423-1432.

Liu D Y, Keesing J K, Xing Q G, ct al. 2009. World's largest macroalgal bloom caused by expansion of seaweed aquaculture in China [J]. Marine Pollution Bulletin, 888-895.

Mouny P, Dauvin J C. 2002. Environmental control of mesozooplankton community structure in the Seine estuary[J]. Oceanological Aeta, 25(1)：13-22.

Perkins R G, Underwood G J C. 2000. Gradients of chlorophyll a and water chemistry along an eutrophic reservoir with determination of the limiting nutrient by in situ nutrient addition[J]. Water Research, 34(3)：713-724.

Pang S J, Liu F, Shan T F, et al. 2010. Tracking the algal origin of the Ulva bloom in the Yellow Sea by a combination of molecular, morphological and physiological analyses[J]. Marine Environment Research, 69(4)：207-215.

Piehler M F, Swistak J G. 1999. Stimulation of diesel fuel biodegradation by indigenous nitrogen fixing bacterial consortia[J]. Microbiol Ecology, 38(1)：69-78.

Redfield A C . 1958. The biological control of chemical factors in the environment[J]. Am. Sci. 46：205-221.

Sun S, Wang F, Li C, et al. 2008. Emerging challenges: Massive green algae blooms in the Yellow Sea[J]. Nature Precedings, Sep, 7.

Xu F L, Lam K C, Zhao Z Y, et al. 2004. Marine coastal ecosystem health assessment: a case study of the T olo Harbor, Hong Kong, China [J]. Ecological Modeling, 173(4) : 355−370.

Zhou F, Guo H C, Hao Z J. 2007. Spatial distribution of heavy metals in Hong Kong's marine sediments and their human impacts: A GISP−based chemo metric approach [J]. Marine Pollution Bulletin, 54: 1372−1384.

Zhou S C, Jin B S, Guo L, et al. 2009. Spatial distribution of zooplankton in the intertidal marsh creeks of the Yangtze River Estuary, China. Estuarine, Coastal and Shelf Science, 85(3): 399−406.